Jakob Barth

Etymologische Studien zum semitischen insbesondere zum hebraischen Lexikon

Jakob Barth

Etymologische Studien zum semitischen insbesondere zum hebraischen Lexikon

ISBN/EAN: 9783337225216

Hergestellt in Europa, USA, Kanada, Australien, Japan

Cover: Foto ©berggeist007 / pixelio.de

Weitere Bücher finden Sie auf **www.hansebooks.com**

ETYMOLOGISCHE STUDIEN

ZUM

SEMITISCHEN INSBESONDERE ZUM

HEBRÄISCHEN LEXICON

VON

J. BARTH.

LEIPZIG

J. C. HINRICHS'SCHE BUCHHANDLUNG

1893.

Druck von H. Itzkowski Berlin.

Die nachfolgenden Studien sollen Beiträge zur Wurzelvergleichung des Semitischen geben. Die grössere Hälfte derselben betrifft hebräische Wurzeln mit ihren semitischen Correspondenzen, die kleinere Wurzeln der übrigen semitischen Sprachen. Der Regel nach sind nur solche Etymologien behandelt, in welchem die Entsprechung in einem oder mehreren Idiomen von der zu erwartenden Form abweicht, sei es durch verschiedenartige Stellung der Wurzellaute, sei es durch Kreuzung der normalen Lautverschiebung unter dem Einfluss benachbarter Laute, sei es durch Modificationen anderer Art; nur in das letzte Capitel (§ 29) wurden auch Fälle einfacher Entsprechung aufgenommen. Mit den Ueberschriften, unter denen ich die innerlich zusammengehörigen Erscheinungen verbunden habe, soll selbstverständlich für das darunter mitgetheilte Material nicht ein Anspruch auf irgendwelche Vollständigkeit angedeutet sein; sie sollen weiter Nichts als die Rubriken darstellen, unter denen das, was ich hier Neues beizubringen hatte, zusammengeordnet ist. Jeder Fachmann, welcher diesen Problemen Aufmerksamkeit schenkt, wird die einzelnen Capitel durch eigene Beobachtungen erweitern können. — Um die Kreuzungen der Lautverschiebungen durch gesicherte Thatsachen zu belegen, habe ich immer einleitend auf eine Reihe früher festgestellter Fälle gleicher Art in den Capiteln, für welche solche vorlagen, hingewiesen; in andern Fällen (z. B. §§ 3. 4. 23) sind solche Kreuzungen hier zum ersten Mal zu begründen versucht.

Die Umstände, welche diese Kreuzungen bewirken, lassen sich nur durch Vergleichung möglichst umfangreichen Materials feststellen. In manchen Fällen ist das mit Sicherheit oder ziemlicher Wahrscheinlichkeit schon jetzt möglich, in andern noch nicht. Wo gleichmässige Einflüsse vorzuliegen scheinen, habe ich immer darauf hingewiesen, auch diejenigen Fälle, welche die nämliche Art der Einwirkung vermuthen lassen, enger zusammengeordnet; aber der

endgiltigen Feststellung der Ursachen soll mit diesen Andeutungen
nicht vorgegriffen sein. Sprachen mit starker Lautverwitterung, wie
das Samaritanische, Assyr.-Babylonische und Mandäische, mussten
für viele Fragen der Lautentsprechung ausser Betracht bleiben.
Abgesehen von den keiner Erklärung bedürfenden Abkürzungen
bedeutet:

ar. = arabisch.

Ǵ = Ǵauharî's Ṣaḥâḥ.

hb. = hebräisch.

Huṭ = Diwan des Huṭai'a, herausg. von Goldziher.

Levy TW = Targum-Wörterbuch.

Levy NhW = Neuhebräisches Wörterbuch.

Lu = Lane, Arabic-English Lexicon.

Miš. = Mišna mit der sprachlich zugehörigen Literatur
(Barrâitâ, Toseftâ u. s. w.).

ZA = Zeitschrift für Assyriologie.

ZDMG = Zeitschrift der Deutschen Morgenländischen
Gesellschaft.

Ich bitte, vor der Benützung die „Nachträge und Berichtigungen"
auf S. 72 zu berücksichtigen.

§ 1. Metathesen.

A) Bekanntlich bieten die Vertreter derselben Wurzel in verschiedenen Idiomen des Semitischen in Folge einer stattgehabten Metathese nicht selten eine verschiedene Reihenfolge der Radicale. Den bereits bekannten Erscheinungen dieser Art mögen die nachfolgenden sich weiter anschliessen; eine Reihe von Fällen, die in andern Theilen dieser Schrift erscheinen, sind hier nicht erwähnt.

IIb. אַבְנֵט „Gurt" erklären Brugsch und Erman als Fremdwort aus dem aegyptischen *bnd* „Binde" (ZDMG 46, 110), obgleich dort ein Nomen mit Vorschlags-א und mit der dem hebr. Nomen eignenden speciellen Bedeutung „Gurt" nicht nachgewiesen ist. Ich zweifle sehr daran. Denn das Arabische hat اِطْنَابَة „lederner Bauchgurt"; s. den Vers Tebr. zur Ham. 714, Z. 10 (auch „Sehne des Bogens"). Die Uebereinstimmung in der Bedeutung und in dem sonst nicht häufigen א-Präfix macht mir die Identität beider Nomina sehr wahrscheinlich. Die arabische Form der Wurzel, טנב, ist aber im Semitischen auch sonst noch entwickelt; vgl. das bekannte طُنُب „Zelt-Strick", auch, wie اِطْنَابَة, „Band am Winkel der Bogensehne", = syr. ܠܘܢܨܐ „Zeltstricke".

Das aram. בצר, ص,ز „wenig sein", בציר „gering, wenig" entspricht dem ar. Stamm بَرَض „wenig, gering sein"[1]); بَرَاض, بِرَض „weniges" (Wasser); بَارِض „unbedeutend, schwach" vom Keim einer Pflanze Lebîd ed. Hub. n. 39, 51, Kâmil 86, 7, als Gegensatz zur entfalteten Pflanze (جميم) Lebîd 98, 3 Châl.; مُبْرِض, بِرَاض

---

[1]) Das ungewöhnlichere Lautverhältniss ص = ز ist mehrfach neben Labialen belegbar. Vgl. die von Nöldeke ZDMG 32, 406 angeführten Wurzeln ܦܥܡ,ܦܨܡ , ܚܨܡ, ܥܨܡ , ܡܨܡ, deren ز = ص, ist neben wenigeren Fällen ohne Labial. Vgl. auch Lagarde, Semitica I, 27.

„einer der sein Vermögen klein macht, verthut". Im Hebr. wird diesem Stamm בָּצְרָה und בַּצָּרֶת „Hungerzeit" angehören[1]), eigentlich „das Schwach-, Geringsein" (vom Ertrag); die intransitive Nominalform wie in בָּלָהָה, יַבֶּשֶׁה u. s. w. (Nominalbildung § 93, αβ).

Obgleich בִּקְעָה, بُقْعَة „Ebene" (wie auch حَصْحَصَ) gleiche Lautfolge aufweisen, entspricht doch dem hb. בקע, syr. ܨܚ „spalten" im Arab. kein Verbalstamm בקע sondern بَعَج „spalten". Dieses Letztere bezeichnet z. B. das Aufschlitzen der Brust (des Kamels), wie der hebr. Stamm das Aufschlitzen des Leibs Am. 1, 13. اِنبَعَق „sich spalten" (Wolke durch den Regenerguss) Kâmil 240, 16; 250, 16, wie נבקעו מעינות Gen. 7, 11; Spr. 3, 20. Falls also בִּקְעָה aus diesem Stamm hervorgegangen sein sollte, müsste er sich im Arab. gespalten haben und nur beim Nomen in seiner ursprünglichen Form verblieben sein.

בָּרֹד „scheckig" (v. Thieren) hängt nicht mit בָּרָד „Hagel" zusammen (Kim., Ges. s. v.), sondern ist = أَبْرَد „schwarz mit rothen Punkten durchzogen" (G, Mṣb. bei Lane). — Umgekehrt entspricht hb. מַרְבַדִּים „kostbare Teppiche" Spr. 7, 16; 31, 22 dem bekannten ar. بُرْد, dem teppichartigen Ueberwurf um den Körper (s. seine Beschreibung bei Lane s. v.). — Das assyr. ga-du (schon in den Amarna-Tafeln) „neben, bei" (z. B. Assurban. III, 131; IV, 97); „bis" (Nebk. X, 3) ist zu aeth. ፕፈ „neben, bei" (Dillm. lex. 1224) zu stellen. — Hb. גֶּשֶׁם· welches von Dietr., hebr. Wortf. 106, Ges. lex., Fleischer (mündlich) aus einem angenommenen Grundstamm גשם „dicht, massig sein" zusammen mit ܓܘܫܡܐ = جِسم, „Körper" hergeleitet wurde, hat mit diesem Nichts zu thun. Es gehört vielmehr zu ar. سَجَم „vergoss" (Wasser, von d. Wolke; Thränen, vom Auge, Ṭarafa 11, 9; Muʿ. Lebîd 40; Hansâ 81, 8; 82, 10; Tebr. 579, Z. 3; JHiš. 109, 6 v. u) u. A. ساجِم auch intrans. „fliessend" Hansâ 82, 3 (Ham. 709, 3). Bedürfte es noch eines Beweises, so lieferte ihn أرض مُسَاجِموم „beregnetes Land" (G). — Aram. דَמך, targ. auch דמוך „schlafen"

---

verbindet sich mit aeth. ፆሐመ „müde, schlaff, matt sein" [1]). —
Syr. ܢܸܬܳܢܳܐ „dichter Rauch" (gut belegt bei PSm. 1587, während
ܢܬܳܢܳܐ das. 1183 von BA und BB bezeugt, aber nur schwach belegt
ist) ist ar. بُخَار, „Rauch, Dunst", wie denn die Glossatoren das syr.
Wort mit بُخَار دُخَنِي umschreiben. — Der Stamm הלה „schmuck
sein", woher hb. חֲלִי = حَلْی „Schmuck", auch syr. ܣܟ
„schmückte" ist im Aeth. durch ኣሔP „schön sein" vertreten (wie das
arab. يَتَحَلَّى بِلَعَيْنِ „es ist gefällig, hübsch"; [2]) vgl. ፐኣሔP „sich
schmücken"; חִלָּה „er schmeichelte, begütigte" ist übrigens in der
Bedeutung dem arab. حَنَّى „schmeichelte" gleich.

Ein Stamm *halâpu* „decken" ist im Assyr. durch *hitlupatu,*
nahlaptu „Gewand", *uhallip* „ich deckte" (Thürflügel mit Bronce ZA.
II, 126, col. I, 25, Häute über d. Mauern Assurn. I, 92) u. v. A.
gesichert; vgl. hierüber Lotz Tigl. Pil. 156. Sargon Bronce-
Inschr. 16 steht in derselben Phrase *lâbiš namurrati* „sich mit
Glanz bekleidend", wo Cyl. 7 *hâlip namurrati* steht. Mit diesem
Stamm ist hb. חֲלִיפוֹת eine Art Gewänder von Delitzsch, Ass. Stud.
112, Schrader KAT[2] 153 bereits verglichen. Ob auch וַיַּחֲלֵף
שְׂמָלֹתָיו Gen. 41, 14; 2 Sam. 12, 20 hierhergehört, wage ich nicht
zu entscheiden. Wohl aber ist das arab. لِحَف „Obergewand" Ham.
750, 1; Tab. I, 1262, 9 [auch مِلْحَفَة dass.], لَحَف und أَلْحَف
„umkleidete, bedeckte", s. Tarafa 5, 44, hierherzuziehen. Dem selteneren Lautverhältniss assyr. *h* = ح werden wir unten noch § 20
begegnen.

Dem Wort für „Zauber" syr. ܚܲܪܫܵܐ = aeth. ሕሊና = hb. חֶרֶשׁ
Jes. 3, 3 muss ar. سَحَر zur Seite gestellt werden, wo der Sibi-
laut vom Schlusse zum Anfang vorgerückt ist. — Hb. חָשָׁה
„sich ruhig, unthätig verhalten" (שׂם) hat in dieser Form keine
arabische Vertretung. Wohl aber entspricht سَنَخِيَتْ نَفْسِی عَنْ

---

[1]) Praetorius' Annahme (Delitzsch-Haupt, Beitr. II, 324), dass dieser
aeth. Stamm im asiatischen Semitisch nicht vertreten sei, trifft also nicht zu.

[2]) Die Metathese wie in ኣሔΦ „bilden" = خَلَقَ (Ges. thes. 483,
Dillm. lex. 81).

الشیء auch الشیء عن بنفسی سَاخَیَّمْتُ „J left or relinquished the
thing, withdrew my heart from it" (S. bei Lane); s. Tab. II, 3, 6;
9, 8; 674, 3—4; JAth. IV 77, 9, ganz wie מסוב החשיתי Ps. 39, 3;
ממני פן תחשה Ps. 28, 1 u. s. w. — Zu hb. (misch.) חשד „Ver-
dacht hegen" (oft) gehört wohl ar. حدس „vermuthen, vermuthungsweise etw. annehmen"; z. B. „der gescheidte Blinde يتحدس „er-
schliesst durch Vermuthung, was ein dummer Sehender nicht
wahrnimmt" Baiḍ. I, 416, 21. — Ebenso fehlt zu hb. und aram.
חשך „finster sein" im Arab. ein zu erwartendes حسك; dagegen
entspricht ein Stamm سحك; vgl. اسْتَحْكَكَ „schwarz sein" (von
d. Nacht, Haar).

Assyr. kašâdu „fassen, erobern, erreichen" (sehr oft) ist =
ar. كَدَشَ, als dessen entsprechende Bedeutung G angibt: هو يكدش
لعياله „er erwirbt für seine Familie den Unterhalt"; كدش من
فلان عطاء „er erlangte von X. eine Gabe"; كَدْشْ auch = سوق
شديد „starkes Wegtreiben". — Hb. מגן „gab preis, gab hin"
ist = ar. نَجَّمَ „gab hin, entrichtete", z. B. Lösegeld Zoh. 16, 23.
24. Hier haben der labiale und der dentale Nasal ihre Stellen ver-
tauscht. Die Bedeutung ist übrigens sowohl im Arab. wie im Hebr.
nur schwach entwickelt. — Syr. مسكن „schwach, niedrig, unbedeutend", von Bernstein lex. chrest. syr. 167 gewiss falsch
aus مسك + مس „weg von Kraft" erklärt, stelle ich zu ar. خَامِل
„unbedeutend, ohne Ruf" v. Menschen (s. Lane s. v.) JHiš. 175 u.;
خَمَل auch vom Namen und Ruf selbst „unbedeutend, schwach
sein" Agh. II, 20, 3 v. u.; Tebr. 45, Z. 2 v. u.; 79, Z. 7; von
einem Ort „unkenntlich geworden sein" Achṭal 138, 5. — Syr.
مكنت „gelangte" (Ethpe u. Pa.) wird zu مَعَنْ, auch IV. C.,
„eilte" 'Antara 21, 53, „liess sich tief in e. Sache ein" (ابعد) gehören. — Hb. נגב „Süden" muss zum ar. جَنُوب „südlicher (Wind)"
gestellt werden. Es ist damit nicht gesagt, dass das hebr. Wort
von der aram. Wurzel נגב „trocken sein" (mit dem es Ges. lex.
verbindet) getrennt werden müsse; denn dieser Lezteren scheint
der arab. Stamm جنب überhaupt zu entsprechen. Vgl. جَنَبَ القوم

„die Kamele der Leute haben keine oder wenig Milch" eigtl. „die Leute sind trocken"; عَمٌ نُجَنِيبٍ, „ein Jahr, wo Milch fehlt oder knapp ist" Mufaḍḍ. 3, 8.

Das hb. עֶבְרָה „Zorn, Grimm" mit dem denominirten הִתְעַבֵּר leitet man allgemein von עבר „überlaufen" (der Gemüthswallung) ab. Indessen liegt keinerlei Berechtigung vor, eine ständige Metapher hinter einem Wort zu suchen, welches dafür nicht den geringsten Anhalt bietet; denn nirgends findet sich bei dem Nomen oder Verbum auch nur eine Andeutung jenes angeblichen Bildes; bei einem Particip wie עֹבְרִים Spr. 26, 10 (auch 26, 17 עֹבֵר so?) ist es sprachlich nicht einmal möglich es anzunehmen. Auch im Aram. erscheint תעבור „Zorn" Trg. Jes. 9, 18; 13, 9 (s. Levy TW) ohne irgend welchen Zusatz oder Andeutung jenes angeblichen Bildes. Ich stelle das Wort mit ar. غَرْبٌ „Heftigkeit, Zorn" (Lane: „sharpness of temper, passionateness, irritability or vehemence") zusammen; vgl. سَكَنَ مِن غَرْبِهِ „er kam von seinem Zorn zur Ruhe" Kāmil 88, 13; s. auch 90, 2. Das Nomen bedeutet sonst noch „Heftigkeit des Laufs (Lebīd 39, 2 Chāl. als Adj.), der Kraft; Schärfe einer Waffe, der Zähne u. s. w. So ist auch حَدٌّ „Schärfe" zu „Zorn" geworden. s. z. B. Mas. VII, 317, 2 v. u. Von dem targ. תעבור oder einem sonstigen Derivat von עבר hat das Syr. in dieser Bedeutung keine Spur. Vielleicht ist dort der St. صخ hierherzuziehen, der in مُخْزَمِنٌ „wild, aufgeregt" (Menschen, Thiere, Wellen) اِصْخَزَمَ „wüthend sein", z. B. اُمّ مُخْزَمٍ „wie e. Verrückte" (s. PSm.) vorliegt und sich mit den Bedeutungen von غَرْبٌ und עֶבְרָה deckt. — Das hb. עֲלָטָה „Finsterniss" (4 Mal) gehört zu ar. غَيْخَلَكَ الليل „Nachtfinsterniss", Ġ; (auch vom dunkeln, d. i. dichten Wald Imrlq. 19, 24, Huḍ. 262, 21). Die arab. Form des Stamms ist die ursprünglichere, denn auch das Assyr. stimmt mit ihr zusammen; vgl. šamšu atalâ iśtakun „die Sonne erfuhr eine Verfinsterung" (Epon.-Liste zu 763). — Hb. עָצַם עֵינָיו „verschloss s. Augen" Jes. 29, 10; 33, 15 entspricht syr. خمض = misch. עָצַם Šabb. 23, 5, auch b. Talm. (Levy NhW III, 664) „drückte die

Augen zu". Mit der syr. Form stimmt ar. غُمَّض Achṭal 6, 3 und
أغْمَض, das schon Nöldeke ZDMG. 32, 406 mit ihr verglichen hat.

Aram. עֵקַּר, خَمَ „Wurzel" in der Mischna oft übertragen für
„Hauptsache, Grund, Tiefstes" mit dem denominirten خَمَ „ent-
wurzeln, zerstören", Letzteres auch im Hebr. (Zeph. 2, 4, Qoh. 3, 2),
hat kein genaues arab. Aequivalent. Es liegt nun anscheinend nahe,
an ar. عِرْق „Wurzel" zu denken. Dieser Vergleich ist auch nicht
abzuweisen; es bleibt aber zu bemerken, dass Letzteres mit seiner
Bedeutung innerhalb des arab. Stamms ganz isolirt ist. Andererseits concurrirt ar. قَعَ „Unterstes und Tiefstes jeder Sache", nach
TA bei Lane auch „Wurzel der Palme". Das Letztere hat innere
Wahrscheinlichkeit; denn قَعِرَتِ الشَجَرَة ist = „ich habe den Baum
mit seinen Wurzeln ausgerissen" (Ǵ); vgl. auch تَقَّعَ „es wurde
ausgerissen", das Holzgestell im Zelte, Lebîd 129, 3. Man sieht,
dies Verbum entspricht im Gebrauche genau dem aram.-hebräischen,
ebenso wie andererseits das Subst. عِرْق genau dem Subst. עֵקַּר.
Ich wage daher nicht zu entscheiden, ob zu dem aram. Stamm
das ar. قَعَ oder عِرْق zu vergleichen sei. Das ar. قَعَ hat übrigens
neben sich eine Parallelform, die dem hebr. עקר entspricht; denn
neben قَعْرُ البيت kommt im Arab. selbst عَقْرُ البيت Huṭ. 12, 11,
Dînaw. 225, 15 für „Tiefstes, Innerstes des Hauses" vor.

Hb. עֲרָף „träufeln, fliessen" (2 Mal) ist = رَعَف „fliessen", v.
Blut Ṭarafa 9, 7. — Hb. פֶּלֶא „Wunderbares" nebst dem Verbum
im Niph. und Hiph., das sonst keinen Anschluss hat, darf man
vielleicht mit ar. فَأَل „wunderbares Vorzeichen, Omen" verbinden.
Das Verbum im Arab. ist erst aus diesem denominirt. Im Hebr.
ist von obigem Stamm ein anderer zu trennen, der nur als Verbum
in der Verbdg. נֶדֶר פַּלָּא נֶדֶר, יַפְלִיא (5 Mal in Lev. und Num.) vorkommt in der wahrscheinlichen Bdtg. „aussondern = weihen" (so Trg.
LXX, Ra, JEz., Ges. lex., Dillm. u. A.). Mit diesem wird man
targ. פְּלֵי „absondern, entfernen" (= hebr. בְּעֵר) Dt. 26, 13. 14 u. o.

zusammenzustellen haben¹). Im Targ. hat sich hieraus auch „beseitigen, ausrotten" (1 K. 15, 12 u. ö., Levy TW s. v.) entwickelt. —
Neben dem syr. und hebr. ܡܠܛ = ar. اَلَت „entkommen"
gibt es einen aram. Stamm ܡܠܛ „etw. ausspeien aus d Körper"
Aphr. 283, 4 v. u.; 202, 9; 422, 10 u. s., = targ. בְּלַט, das für hebr.
קיא „ausspeien" Lev. 18, 25. 28 (J.), Jona 2, 11 u. s, steht, im
b. Talmud häufig verbunden mit dem gegensätzlichen בָּלַע, z. B.
in כְּבוּלְעוֹ כָּךְ פּוֹלְטוֹ „wie es (das Gefäss) den Geschmack e. Speise
einzieht, so speit es ihn auch wieder aus" Pes. 74a u. ö.; sonst
Ber. 21b; Chull. 112b u. ö., s. 'Arûkh s. v., Levy TW u. NhW.
Dies entspricht zweifellos dem ar. لَفَظ الشيءَ مِن فَمِه „aus dem
Munde auswerfen" (Speise oder Trank) Kâmil 551, 7, daher لَفْظَة „Aus-
gespienes" Imrlq. 4, 22, und übertragen لَفْظَة „Wort".

Hb. פָּרַץ, das sowohl transit. „zerstreuen" (das Heer e.
Feindes 2 Sm. 5, 20; Ps. 60, 3), als auch intr. „sich ausbreiten"
(Gen. 28, 14; Jes. 54, 3) und hieraus auch „sich vermehren"
Ex. 1, 12 u. ö. bedeutet, gehört zum ar. Stamm رَفَض a) „zerstreut laufen lassen" (die Herde); b) sich zerstreuen, v. d. Herde;
اِرْفَضَّ جَمْع, „eine Kriegsmenge zerstreute sich" Tab. I, 1891, 8; JHis.
300, 9 v. u., genau wie im Hebr.; اِبِل رَفَضْ „camels in a state of
separation" (Lu); اَلقَومُ أَرفَضَ فى السَفَر „die Leute sind zerstreut auf
der Reise"; ebenso رَفَضَى (TA). Sonst bedeutet es noch „sich
ausbreiten" (v. e. Thal, Zweigen e. Baumes) wie im Hebr. von
e. Volk. — Hiervon verschieden (obgleich in Ges. lex. damit ver-
einigt) ist hb. פרץ „einen Riss, Lücke machen" an e. Mauer
Ps. 80, 13; 89, 41 u. ö., פֶּרֶץ „Riss, Lücke" Am. 9, 11; Ez. 13, 5;
1 K. 11, 27 u. ö. Denn dieses gehört zu ar. فَرَضَ „machte einen
Einschnitt, Riss", woher فُرْضَة „Oeffnung, Lücke in e. Mauer" u. dgl.,
auch „Riss, Einbuchtung am Ufer e. Flusses", Lebîd ed. Hub. n.
42, 21, wo z. B. die Schiffe anlegen können (Lu nach Gauh. Msb.);
also genau wie hb. מִפְרָצִים „Meeresbuchten" Ri. 5, 17.

---

¹) Ueber ein anderes aram. פַּלוֹ „entschied" vgl. § 30.

Der Stamm צמת des hb. תִּמְכֵר לִצְמִיתֻת „vollständig, complet sein" vom Verkauf Lev. 25, 23. 30 correspondirt mit ar. صَنَم „ganz, vollkommen sein"; vgl. (= تَام) اَلْف مَصَنَم „1000 Ganze, Vollkommene" Zoh. 16, 43; ebenso مَال صَنَم اَلْف; صَنَم (G, schol. Zoh. p. 89 Ldbg.). — Im Hebr. ist der Begriff „ganz sein" auch „in zu Ende gehen, aufhören", daher הצמית „zu Grunde richten" umgeschlagen, wie dies ebenso bei כָּלָה vgl. z. B. Ex. 39, 32 mit Jes. 16, 4 u. v. A., sowie bei תמם von der bekannten Bdtg. „vollkommen sein" aus in Verbindungen wie Jes. 16, 4; Hi. 31, 40 u. ö. der Fall ist. Uebrigens ist die hebr. Gestalt des Stamms, צמת, die ursprüngliche; denn auch das Arab. hat اَلْف مَصَنَم neben der obigen anderen Form erhalten (Lu nach Muhkam, Qam.), und noch mehrere andere Anwendungen des ar. Stamms صمت lassen sich nicht auf die Bdtg. „schweigen", wohl aber auf „voll, ganz, fest sein" zurückführen, für welche sich daneben صنتم im Arab. abgespalten hat.

Assyr. naqlabu „Wehgeschrei" (Sarg. Ann. 136 ed. Winckler) von einem Stamm qalâbu[1]) „schreien" gehört zu aram. קְבַל „schreien, klagen" (z. B. = צעק Targ. Ps. 88, 2; Hi. 19, 7), auch „sich beklagen", letzteres auch im Syr. und in der Mischna (Levy TW 340). — Hb. קֻבַּעַת „Becher" Jes. 51, 17. 22, dem im Assyr. qabûtû, vgl. qabuâtê hurâsi Schrader, KAT² 208, 18 zu entsprechen scheint, gehört zu ar. قَعْب „Becher von Holz" (G) Imrlq. 19, 26.

Von dem hb. רגע „ruhig sein" (מַרְגּוֹעַ׳ מַרְגֵּעָה׳ רִגְעִי), das man wohl von رَجَع „zurückkehren in die frühere Stelle oder Zustand", aeth. ረጐ „gerinnen" (s. Hi. 7, 5, Ges. lex.) nicht zu trennen braucht, muss jedenfalls רָגַע הַיָּם „er beunruhigte, regte das Meer auf" als verschieden getrennt werden. Es entspricht ar. رَعِم „beunruhigen", dessen VIII. Stamm nach G = اِرْتَعَزَ „erzittern, in Aufregung sein" bedeutet, z. B. von e. Heer JHiš. 732, 5 v. u. Nahe verwandt ist رَجَّ[2]) „erschüttern, erzittern machen", pass. „erbeben" v. d. Erde Qor. 56, 4; VIII Conj. „krachen" von d. Gewitterwolke Achtal 139, 6.

---

[1]) Das q ist freilich in der assyr. Schrift nicht sicher; denn in der Schreibung ist naq und nak nicht unterschieden.

[2]) Wie syr. ܡܚ „sich verbeugen" = hb. קדד.

Ar. رَقَفَ „liebevoll, zärtlich sein", رِفْقٌ „Freundlichkeit" u. s. w.

gehört zu aeth. አፍቀረ „liebte"; ፍቁር „Geliebter" u. s. w.

Neben dem syr. ܙܚܠ „fürchtete" = ar. رَهَبَ geht ein

zweiter syr. Stamm ܢܘܚ „schnell sein" her: ܢܘܚܐ „schnell",

ܢܘܚܐ „Eile", ܣܬܪܗܒ, ܐܣܬܪܗܒ „eilte". Dieser ist von dem

ersteren zu trennen. Denn wenn auch hebr. אֶל־פָּחַד, רְגֵז אֶל gele-

gentlich einmal „zitternd hineilen" bedeuten können, so verdanken

sie diesen prägnanten Gebrauch der Verbindung mit einer Präpo-

sition der Bewegung wie אֶל. Dass aber dieselbe Wurzel ohne jeden

Zusatz zugleich „fürchten" und „eilen" bedeuten könne, ist an sich

sehr unwahrscheinlich. In der That entspricht das syr. ܢܘܚ

„eilig" dem ar. وَرِجَ „floh". Die Umstellung der beiden ersten

Laute רה in רח im Syrischen vollzieht sich in einem anderen Fall

sogar vor unseren Augen, sofern ܪܗܛ „lief" == רָץ den Imprtv. ܗܪܛ

bildet. Hierdurch sind nun bei ܢܘܚ im Syr. zweierlei Stämme

secundär in eine Form zusammengeflossen.

Das 'απ. λεγ. שׁוֹתֵם Klgl. 3, 8 in der Verbindung: „Auch wenn

ich rufe und schreie שָׂתַם תְּפִלָּתִי" lässt sich nicht mit dem aram.-

späthb. סתם „verschliessen, verstopfen" (so LXX ἀπέφραξε) zu-

sammenbringen, weil das Object dem widerstrebt. Man darf wohl

an شَمَتَ (= خَيَّبَ) „Jmd.'s Wunsch und Bitte vereiteln, verwei-

gern" (Lane) denken; vgl. رَجَعُوا شَمْتَى „sie kehrten zurück, ohne

ihren Wunsch erreicht zu haben". — Hb. שָׁבַח und הִשְׁבִּיחַ „be-

sänftigte" (die Fluthen, den Zorn) ist schon von Ges. lex. mit

سَبَّحَ „beruhigte, stillte" (Fieber, Hitze) verglichen. Zu beiden ist

aber im Assyr. pašâḫu „sich beruhigen" (Praes. ipašaḫ; II, 1 und

III, 1 „beruhigen, besänftigen" (Belege bei Lyon, Sargon S. 39)

zu stellen. — Hb. שֶׁבֶץ 2. Sm. 1, 9 „Todeschwäche, Todeskrampf"

ist = aeth. ሕማም „Schlaffheit, Schwäche" = μαλακία (מַחֲלָה) Exod.

23, 25. Mit diesem hat schon Dillm. ضَبِيس „schwerfällig, schwäch-

lich" verglichen; das Aeth. und Arab. stimmen also in der Folge

der Laute überein.

Hb. שמד, Hiphil הִשְׁמִיד „vernichtete", ebenso im b. Aram.
und im Syrischen Aphr. 273, 8; 297, 2 v. u., ist auch im Assyr.
in gleicher Form vertreten; vgl. aš-mud „ich vernichtete" 2 R
67, 24. Das Südsemitische hat in dieser Gestalt und Bedeutung
keinen entsprechenden Stamm. Dagegen ist wahrscheinlich aeth.
ተሐጕለ „vernichtete, vertilgte bis auf die Spur", das in der Bedeutung vollkommen den obigen gleich und dieselben Radicale,
nur in anderer Ordnung, bietet, ihr Aequivalent. Im Arab. soll
nun دَمَس nach Qam. = دَرَس, also diesem Stamm an Bedeutung ähn-
lich, nur intrans., sein und würde, wenn sich dies bestätigt, ebeu-
falls dazu gehören. Doch weiss G Nichts davon, und soweit ich
das arab. Wurzel belegen kann, finde ich nur „finster sein" Mfḍḍl.
19, 16; Urwa 25, 2; Ham. 564, 3 = aeth. ጸልመ „finster" Dillm.
1088. Dagegen vergleicht sich gut مَدْمَس, مِدْمَس „verwittert,
durch Staub und Geröll verschüttet" von einem Brunnen und den
Wegen zu ihm Lebid 7, 3; 64, 2; Huṭ 3, 16. Diese Bedeutungen
stehen nun seltsamer Weise im Stamm دَمَس ganz isolirt (sonst bedeutet er „betrübt, erregt sein"). Sollte im Arab. die Wurzel sich
gespalten und z. Th. دَمَس geblieben, z. Th. die Form دَمَس angenommen, oder sollte sie sich überhaupt nur in leltzterer Form
erhalten haben?

B) Es sind im Vorangegaugenen jene Metathesen unbeachtet
geblieben, welche ו und י betreffen. Diese beiden Spiranten ver-
tauschen in Folge ihrer flüssigeren, nur halb consonantischen Natur
leicht ihre ursprüngliche Stelle innerhalb der Wurzel. Bekannt
sind Fälle wie צֵיָה = وَصَى; — دَلْو „Eimer" = דְּלִי (דְּלִי); جَرْو
نُؤَيْر = נור „junger Löwe"; — جُنَوْ = גוּש „Erdhaufen";
مَسْعَف = ar. حَف neben hb. יָחֵף „barfuss". — مَسَع = חָזָה (poet.)
„anzeigen, verkündigen" habe ich ZDMG 41, 641 zum ar. Stamm
وَحَى gestellt. Die Begründung sei hier kurz nachgetragen. وَحَى
ist vor dem Islâm „Mittheilung" überhaupt, z. B. an die Geliebte
Ham. 616, 7; auch „schriftliche Mittheilung" Zoh. 15, 5; Lebid
Muʻall. 2; JHis. 454, 8 v. u. Von dieser indifferenten Grundbedeutung aus, welche der aram. (hebr.) parallel geht, ist es erst von
Muḥammed zum Terminus für mündliche Offenbarung gemacht worden.

Auf uralten Schwankungen in der Stellung dieser Spiranten
beruht es, dass eine Anzahl von Wurzeln in gespaltener Form
vorliegt, indem das *w* und *j* sich an zweierlei Stellen der Wurzel
festgesetzt hat. So hbr. גוּר neben יָגֹר = וַגֶּר‎, „fürchtete sich";

דוֹד „Freund", דּוֹדִים „Liebe" (wozu gewiss auch דָּוִד = „Geliebter")
neben יָדִיד ‏וְדִידוּת von ידד = وَدَ‎. — עֵצוּ Ri. 19, 30; Jes. 8, 10 von
einem Stamm עוּץ neben dem alten und gewöhnlichen יָעַץ = وَعَظ‎:
— טוֹב, لَهَ, ‏طَابَ gegenüber einem Stamm יטב in הֵיטִיב/יִיטַב‎;
— وَ‎, صَوَّرَ, selten nur hb. צוּר „bilden" (vgl. auch צוּרָה Ez. 43, 11)
gegenüber dem üblichen hb. יֵצֶר ‏יָצַר u. s. w. — Hb. יָעֵף neben
עֲוֵף‎. — Auch in وَرِعَ „fürchtete" und رَوع „Furcht, Schrecken" sammt
seinem Verb mag eine solche Spaltung vorliegen. — תּוֹעֵבָה von פ"ו
neben יָעִיב „verschmäht" Klgl. 2,1 von פ"ו oder ע"ו, zu dem es gehört
(s. unt.). — וַעֲוֵה meist Qri für das K'th. הוֹעֵה‎, das doch durch hbr.
und bibl.-aram. עוּע „zittern", syr. ‏وَ‎ gedeckt ist. Derartiger
Erscheinungen liessen sich noch zahlreiche anführen.

Natürlich ist es häufiger, dass der Spirant wie in den erst-
genannten Fällen je in verschiedenen Idiomen eine verschiedene
Stellung in der Radix hat. Dieser Art sind die folgenden Fälle:

Hb. יגה „kummervoll sein", תּוּגָה ‏יָגוֹן „Kummer" hat Nichts mit
وَجَأ „stossen, schlagen" (Ges. lex.) zu thun, sondern gehört zu جَوِيَ
„Kummer, Gemüthsschmerz" Kâmil 748, 8; Hud. 225, 5, bes. auch
vom Liebeskummer Ham. 544,5; 597, 3, جَوِيَ und اِجْتَوَى „Kummer
empfinden "

Hb. וֶזֶר in dem Vers Prov. 21, 8: „Verschlungen, sich hin-
und herwendend ist der Weg des וָזָר‎, während das Thun des
Lauteren (זַךְ) gerade ist" muss einen Sinn etwa wie עִקֵּשׁ haben, der
dem Prädicat הֲפַכְפַּךְ entspricht und zu יָשָׁר in Glied b sich gegen-
sätzlich verhält. Dazu passt weder das übliche „Schuldbelasteter",
noch liesse sich aus وَزَر „tragen" ohne sehr grossen Zwang diese
Bedeutung gewinnen. Man stelle es zu زَوِرَ „krumm sein", زُور „Lüge,
Unwahrheit." Qor. 25, 5. 72; 58, 2 u. s.— Mit חוֹל „Sand", meist

von Sand am Meer, = هَمْل vergleicht sich خَحِل „feuchter Sand, Schlamm", in dem die Lastthiere einsinken, Kâmil 348, 10, Lebîd ed. Hub. no. 39, 76. — חָרָה „zürnte" (oft אַף חָרָה לֹו חָרָה) = syr.

الخصمُ „stritt", خِصَامٌ „Streit" gehört zu ar. عليٍ وَحِرَ „ist voll Zorn und Hass gegen", وَحَرٌ „Zorn, Hass" JHiš. 724, 4 v. u., Tebr. 263, 3 v. u. — Ueber יסר = أشَرَ؟ vgl. § 27.

Von den verschiedenen Wurzeln לוה im Hebr. deckt sich לוה „drehen, flechten", woher לְוָיָה،לֹיָה „Kranz", mit لَوَى „winden" z. B. einen Strick; — ferner לָוָה „entlieh" mit لَوَى „zog den Gläubiger mit Begleichung der Schuld hin" Zoh. 10, 29; Tab. III 627, 19; 628, 4. — Dagegen נִלְוָה „schloss sich eng an" = حَلَا „begleitete" (im Hebr. nur Qoh. 8, 15 so) hat keine Vertretung in einem ar. لَوَى wohl aber in وَلِيَ „nahe stehen, eng verbunden sein mit..", مَوْلَى „Nahestehender" (daher sowohl Herr, als Sclave, als Oheim, als Neffe), وَلِيٌّ „Verwalter, Leiter", وَلِيٌّ, وَلَاءٌ „Verwandschaft" u. s. w.

Die Wurzel von פְּרִי „Frucht", וַיִּפְרֶה „spросst hervor" Jes. 11, 1; 45, 8 mit dem Präp. פָּרָה،פְּרִיָּה ist wie das Subst. beweist, tert. j Auch das aeth. ፈረየ „Frucht, Blüthe", ፍሬ „Blüthen treiben" hat ein j als 3. Radical. — Daneben geht nun aber im Hebr. ein Stamm פ־רה „zahlreich werden" meist in der Vrbdg. פָּרָה וְרָבָה oder פָּרוּ יִרְבוּ u. dgl. her, dem auch im Syr. عَزَ سَعَزَ u. s. w. entspricht (Gen. 1, 22; 41, 52; s. Cast. s. v.), das dort Cardahi mit وَلَدَ كَثَّرَ übersetzt. Diese zweite Wurzel könnte nun allenfalls mit der ersten begrifflich zusammenhängen („Frucht bringen" = „Nachkommen haben"). Aber es muss doch bemerkt werden, dass sie fast stets mit רבה verbunden ist (nur 3 Male unter 18 Fällen fehlt dies!), dass sie durchweg die Bdtg. „zahlreich werden, sich vermehren" (vgl. z. B. Gen. 26, 22; Ex. 1, 7; 1, 20; 23, 30) hat, dass dagegen die Bdtg. „Kinder = Frucht erzeugen" nirgends er- kennbar hervortritt (abgesehen von der Etymologie Gen. 41, 52). Die Bedeutung „viel, zahlreich sein" wird nun noch positiv gestützt

durch den Sprachgebrauch der Barrâjtâ in Bab. meṣ. 69 b: מפרין¹) על
שדהו ואין חוששין משום רבית „(die Besitzer eines Feldes) dürfen
(dem Pächter) einen Zuschuss hinzugeben (zum Zweck der
Amelioration, wofür er ihnen dann einen höheren Pachtertrag zahlt),
ohne dass dies für Wucher gilt"; hier bedeutet das Hiphil „vermehren, hinzuthun". Diese Bdtg. nun von פרה „viel sein" fällt
mit der des arab. وَفَرَ „viel, zahlreich sein" وَفْرٌ, وِفْرٌ, وُفْرَةٌ „Menge,
Fülle" Huṭ. 31, 4 u. s. w. zusammen, und werden diese beiden
Stämme identisch sein, so dass sich die Vrbdg. פרה ורבה natürlich
erklärt. Es dürfte demnach dieses פרה als Verb ult. w von פרה
„Frucht bringen" (ult. j) wurzelhaft zu trennen sein.

מָקוֹר „Quell, Born", welchem im Arab. kein Derivat von
قَار zur Seite geht, gehört zu ar. قَفْرٌ „Wasserteich, aus dem die
Kamele trinken", قَرِيٌّ „Wasserlauf, Kanal" Huḏ. 90, 16; Tab.
II 589, 17, wie denn auch das syr. ܡܰܟܡܳܕܐ „Teich (غَدِيرٌ), vom
Regen angesammeltes Wasser, sowie Kanal, Aquaeduct" bedeutet
(PSm 2463 nach BA und BB). Die arabische Gestalt der Wurzel
ist die ursprünglichere; denn auch das Syrische hat in ܡܰܟܡܳܐ (n. A.
ܡܰܟܡܳܐ, ܡܰܟܡܳܐ, s. PSm a. a. O.) „Cisterne, Kanal" Derivate einer
Wurzel קרה erhalten. Im Arab. ist auch das zugehörige Verbum
vorhanden: قَرَى الْمَاءَ فِى الْحَوْضِ „er sammelte d. Wasser in der
Cisterne an" Huṭ 28, 1. Hieraus erklärt sich der viel missverstandene
Vers Jer. 6, 7: כהקיר בור מימיה כן הקרה עיר רעתה „wie eine Cisterne
ansammelt, zusammenhält ihre Wasser, so hat die Stadt ihre
Frevel angesammelt" ²). קַרְתִּי 2 K. 19, 24; Jes. 37, 25 scheint denominirt zu sein.

Zu hb. הוֹרָה „lehrte", תוֹרָה, assyr. têrtu hat Nöldeke und
Reinisch amh. warê „Nachricht", tña awraja gestellt; s. ZDMG

---

¹) In manchen Ausgg. verändert in מפריו, während alle guten alten
Ausgg. bei Rabbinowicz, die alten Ausgg. der Mišna, Jeruš. u. s. w. מפריו
haben (s. Kohut, Pl. Ar. VI, 406 N. 2). Das allein kann auch nur richtig
sein, weil hier ein Plural (parallel m. חוששין) stehen muss, מפריו aber Singul.
sein würde.

²) So auch Targ., Pesch.; dagegen LXX, Hier., Graf, Htz. „kühlen,
frischhalten" von קרר, unannehmbar.

40, 724. Das arabische Aequivalent ist bisher nicht ermittelt. Es ist das bekannte رَوَى „überlieferte, berichtete". Da im Amh. und Tñâ die Reihenfolge der Radicale dieselbe ist wie im Hebr., so scheint das *w* erst im Arab. die Umstellung erlitten zu haben. Die Vermuthung Wellhausen's, dass תורה und מורה nach dem Werfen (ירה) der Lose durch den Priester benannt seien (Skizzen und Vorarb. III, 167) bestätigt sich demnach nicht.

Hb. רָם = aram. רָם „war hoch" gehört zu ar. رَمَ „ist hoch" von der Pflanze (= سَمِقَ); zu dem bekannten انْفَ رَمَ wird Kâmil 7, 17 حوشميٙ بٔنفد in Parallele gestellt.

Das hb. שׁוֹט in der Verbindung שׁוֹט שׁוֹטֵף Jes. 28, 15. 18 kann nicht „Peitsche", wie die Erkll., auch Dillm. z. St., annehmen, bedeuten. Dem widerspricht sowohl der Zusatz שׁוֹטֵף als nähere Bezeichnung dieser Strafe, als auch die weitere Ausmalung des Bildes, wo von einer Wassernoth die Rede ist (vs. 17b). Derselbe Ausdruck für schweres Strafgericht findet sich auch im Qor. 89, 12: فَصَبَّ عَلَيْهِمْ رَبُّكَ سَوْطَ عَذَابٍ; auch hier erweist صَبَّ, dass mit سَوْط eine Wassergefahr gemeint ist und demnach die Erklärungen der Commentare „Theil" oder „Heftigkeit der Strafe" (s. auch Lane s. v.) falsch sind. Man wird in diesem Stamm سَوْط eine alte Variante zu سَبَّ sehen müssen; man sagt سَطَ المَاءُ اذا كَثُرَ (Ĝ); سَاط ist „stürmisch einherkommend" سَطْوَةٌ „Ansturm". Das Nomen שׁוֹט = سَوْط scheint ein altes Wort für stürmisch einherwogende Fluth zu sein.

شَفَى „heilte" und ᎯᏅᎮ ist schon von Dillm. lex. s. v. zusammengestellt.— Hb. חֹרֶב „Oede, Wüste" muss zu تَيْهَاءٌ, تِيهٌ أَرْض Tebr. 30, 2 v. u. „Wüste" gestellt werden, woraus اِسْتَتَهَ „in die Irre führen" Ham. 685, 1 denominirt ist.

Lautverschiebungen.

Gutturale.

§ 2. Von Entsprechung verschiedener Gutturale bei derselben Wurzel begegnet namentlich öfter die von

א und ע. — Bei dieser wie der in § 3 folgenden Verschiebung hat jedenfalls die Nachbarschaft von Labialen mit eingewirkt; seltener findet sie sich auch neben anderen Lauten. Bei Labialen finde ich folgende Fälle: Hb. לְיַעְמַּת „nahe bei, neben" entspricht dem ar. Stamm אָם; vgl. دارِي اَمَّ دارِه „mein Haus ist dem seinigen nahe, ihm gegenüber, Ǵ; اَمِّ „nahe" Zoh. 17,8.

Ueber hb. עֲפֶרֶת = syr. أَصْ, „Blei" vgl. § 8, b. — Gegenüber dem syr. Stamm حَدَك, حَدَكُاُ u. s. w. = samar. עמיטא „Finsterniss" haben die Targg. und Midr. r. אמיטרא „Finsterniss, s. Levy TW I, 35. — Im Arab. selbst geht سَمَفَتِ بَدٍ und ..سَمَفَتِ parallel = „Einschnitte haben" (Ǵ). Hb. פָּארָה „Gezweig" פּארות „Zweige" ist mit ar. فَرْع „Zweig" identisch[1]). [Dagegen lautet فَرْع „Haar" Jmrlq. Mu'all. 35; Ham. 566, 1 auch im Hebr. פֶּרַע].—

Dem hebr. פֵּאַר „hielt Nachlese" Dt. 24, 20 steht im Syr. حَكَ, „hielt Nachlese" = hbr. עֹלֵל (Lev. 19, 10; Dt. 24, 21; Jer. 6, 9; book of the bee 4, 8) gegenüber; in diesem Fall tritt neben dem ע im Syr. zugleich die labiale Media auf gegenüber dem פ, das neben dem א im Hebr. steht. — בֵּאֵר „erklären, deutlich machen" stelle ich zu عَبَّرَ „erklären, auslegen" (z. B. e. Traum), „erläutern", z. B. عَمَّا فِى قَلْبِه „was man denkt". — Hbr. מְעִיל „Mantel" wird unter gleichem Wechsel von א und ע zu ar. مَلَاءَة „Ueberwurf, Oberkleid" Huṭ. 7, 32 u. s. (z. B. Ham. 16, 2 v. u. über dem Panzer getragen) gehören. — Dem hbr. מאס „verachten" würde sich ar. مَعَسَ = أَفَنَ „schätzte gering" gut an die Seite stellen,

---

[1]) Natürlich zu trennen von פְּאֵר „Pracht" und seinem Stamm; vgl. über dieses § 5.

wenn es ausser der Ueberlieferung durch den Qâm. noch zu belegen sein sollte. — An dritter Stelle der Wurzel wechseln beide Laute in خَبٌ „Hügel" vgl. m. hb. גְּבַע. — Beiläufig sei bemerkt, dass auch das Hiph. יַבִּיעַ „spricht aus, verkündigt" (mit dem Object אֹמֶר Ps. 19, 3; אֱלֶה Prov. 15, 2; רָעוֹת 15, 28, Subj. „Mund" u. ö.) nicht als Metapher aus נבע „sprudeln" (nur Prov. 18, 4)[1]) angesehen werden darf, wie es wohl immer geschieht; dafür ist der Gebrauch in der Bdtg. „sprechen" ein zu häufiger und von einem metaphorischen Verhältniss liegt keine Andeutung vor. Wir haben hier vielmehr innerhalb des Hebr. selbst neben נבא „verkündigen" (נָבִיא, نَبَأ) eine parallele Wurzel mit gesteigertem Guttural נבע, die nur im Hiph. im Gebrauch ist und gleiche Bedeutung hat. — Aram. קִימְעָא „ein Weniges" (Talm. b. Ber. 4b; Pes. 113b u. ö., s. Levy NhW IV, 327) entspricht ar. قَمِيءٌ, قَمُؤَ „Kleinheit" Ham. 639, 1; Tab. III 657, 3; doch finden sich hier schon im paläst. Aram. Schreibungen mit א (s. Levy a. a. O)[2]).

Die sonstigen Fälle des Wechsels beider Laute enthalten fast durchgehends eine Liquida neben dem Guttural: אָרַשׂ „verlobte" hat Nichts mit أَرْش „Bestechungs,- Sühnegeld" (Ges. Thes. 155; Lagarde Sem. I, 50) zu thun, sondern entspricht dem ar. عُرْس[3]) „Gattin" Ham. 531, 6, im Dual schon bei ‘Alqama 13, 25 für ein Paar Strausse; عُرْس „Hochzeit" Kâmil 773, 6[4]); عَرُوس „Verlobte" ist genau das mischn. ארוסה. Der Stamm ist im Arab. gut fundirt; das Verbum bedeutet „aneinanderbinden,- knebeln"; in intransitiver Structur „fest an etw. hängen, sich dicht an etw. halten" (im Kampf an den Gegner, das Kind an s. Mutter); s. Lane u. d. W.

---

[1]) Qoh. 10, 1 ist unklar.

[2]) Diesen Fällen auch hb. יָרֵא = ar. وَرِعَ zuzurechnen nehme ich Anstand, weil auch das Arab. eine א-Wurzel رَأَى „schreckte" (Lebîd Hub. n. 39, 6) besitzt.

[3]) Zu der ungewöhnlichen Entsprechung س = שׂ vgl. § 28.

[4]) Bekanntlich kommt die bindende Kraft des Verlöbnisses im hebräischen Alterthum dem der Ehe nahe; bei ‘arús ist die Bedeutung ganz gleich. Vgl. auch die Schwankungen der Bedeutung bei חָתָן, כַּלָּה.

Die Nomina sind gleichfalls vorislamisch belegbar; s. Alqama a. a. O.
und اِعْنِس Huḏ. 113, 6 für „Genossen" (des Kamels).
Hb. עָנָה אֶת הַדִּין „verschleppte, zog das Urtheil hinaus" Misch.
Sanh. 11, 4, b. Talm. Sanh. 35 a, Schabb. 33 a entspricht dem ar.
أَنَّى, آنَى „schob hinaus, verzögerte" Huṭ. 8, 5. Wie zu dem ar.
Verb ein أَنَّى, أَنِّى „Zeit" (Qor. 33, 53), Plur. آنَاء, so gehört zu
der hbr. Wurzel עוֹנָה „bestimmte Zeit" Ex. 21, 10 (oft in d. Misch.
u. Späthbr., z. B. עוֹנַת הַמַּעְשְׂרוֹת, עוֹנַת גְּשָׁמִים, עוֹנַת שֶׁמַע, עוֹנַת קְרִיאַת
u. v. A.; s. Kohut, Plenus 'Arûkh VI, 221), im paläst. Aram. auch
עֲנָתָא (Levy, TW II, 226; Kohut a. a. S. 227). Von diesem עֲנָתָא
und auch jenem עוֹנָה lässt sich aber das hb. עֵת „Zeit" = ass.
ênu, êttu „Zeit" nicht trennen[1]), sondern ist als Derivat unseres
Stammes עֲנָה anzusetzen, wie קֶרֶת von קִרְיָה, also √ קרה, קֶבֶת von
√ קבה (vgl. ϜↃⳞⵜ hbr. קִשְׁוָה) kommt; s. ZDMG 41, 607. — Auf
Grund dieser und der folgenden Correspondenzen von א und ע neben
einem ג ist mir auch die Identität von hbr. אֵת „mit" = aeth.
ⵜⵉⴼ mit dem arab. عِنْدَ „bei" sehr wahrscheinlich, die schon
Dillmann, aeth. Gr. S. 315 angenommen, Praetorius ZDMG 27, 643
aber ohne Begründung abgelehnt hat; das t hat sich hier noch
ausserdem der Liquida partiell assimilirt und ist so zur Media geworden. Die Bedeutung weist Beide zusammen.

Zu dem aram. כְּעַן „ergo, igitur" stelle ich das ganz gleichbedeutende aeth. ⵀⵉⵜ [2]); in einer von beiden Sprachen haben die
beiden Elemente, aus denen die Partikel zusammengesetzt ist,
eine Metathesis erlitten. Das ka̯ kann übrigens weder im Aeth.
als Suffix der 2. Pers. (Dillm.) angesehen werden, weil es dann
im Aram. nicht am Anfang des Wortes stehen könnte, noch darf
es im Aram. als Präposition כְּ gelten, weil es im Aethiop. am
Wortschluss steht.

---

[1]) Demnach nicht mit عَنَّ (Fleischer in Levy's TW II, 572, Nöldeke,
ZDMG 40, 725) zu verbinden, welches keine näher verwandte Bedeutung
bietet. Am nächsten steht im Arabischen das genannte أَنِّى „Zeit".

[2]) Sie sind auch in der wichtigen Eigenthümlichkeit einander gleich,
dass sie Beide, wie igitur, hinter dem ersten Wort des Satzes eingeschaltet
werden.

2

Auch die zeitliche Bedeutung von כְּעַן „jetzt" (im Targ. =
hb עַתָּה; Ezra 5, 16 עַד כְּעַן „bis jetzt") ist im Aeth., z. B. in
ኣ. . . ኢን „nicht . . . mehr" u. A., vertreten[1]).

Dem hb. נָא = syr. ﻟـ steht im Aeth. ሶ, ሰ gegenüber. —
Vermuthungsweise möchte ich so auch das hb. אִין „Kraft, Stärke",
das in seiner Bedeutung ganz isolirt dasteht, zu ar. عُنْف „Gewalt"
(häufig in der Phrase اخذه عنوة „er nahm es mit Gewalt")
stellen. — Hb. נאל „einlösen, loskaufen" ist im Arab. durch جعل
vertreten; vgl. جُعَالَة „Loskaufspreis", جُعْل, جُعَلٌ, „Preis e. Sache".
— Umgekehrt entspricht dem hb. נער „brüllen", syr. = „an-
schreien" im Arab. جَأَر „brüllen" und übereinstimmend damit dem
hb. פגע „einen überfallen", im Syr. u. Hb. auch „begegnen", ar.
فَجِئَـه „überfiel unversehens" Tab. II 90, 13. — עגל „Kalb", das
im Hbr., Aram., Arab. übereinstimmend ein ע hat, hat nur im
Aeth. ዕጎል „Junges" ein አ.

אזל (aram.; hbr. in Poesie) „weggehen" bin ich sehr geneigt
zu ar. عَزَل zu stellen, welches zwar gewöhnlich transitiv „beseitigen"
ist, aber daneben auch die dem Nordsemit. entsprechende intransitive Bedeutung aufweist; vgl. عُزْلَة „Beiseitegehen" G, Mṣb.;
عَزَل عن المرأة „se separavit a femina ante effluvium seminis" (Mṣb.,
Az. bei Lane); كَن فى مَعْزِل Qor. 11, 44 „er hatte sich getrennt";
مُعْتَزِل „sich abseits niederlassend, sich von den Meisir-Spielern trennend"
(G u. A.). — Hb. אוּד = syr. ﺍﻭﺩﻭ „Holzscheit" gehört zu عُود
„Holz", und ist wie ich sehe auch schon von PSm damit verglichen.
Die besprochenen Fälle zeigen, dass bei dem Wechsel beider
Gutturale keine Sprachgruppe oder Sprache das א oder das ע
stärker als eine andere bevorzugt. Bald hat das Hebr. das א, wo

---

[1]) Im Syrischen scheint mir das unerklärte ﺣﻤﺎ in ﺣﻤﺎﻫﻮ „ergo,
igitur", ﻣﺤﻤﻨﺎ „jam, nunc, itaque" ﺣﻤﻨﺎ „adhuc", dessen Bedeutung
mit den obigen zusammenfällt, ihm zu entsprechen. Bei einem so gewöhnlichen
Wort ist der Zerfall des ע nicht auffälliger als in ﻣﺤﻤﻨﺎ und ﻟﻤﺎﻫﻮ.

das Arab. ע bietet, bald umgekehrt, und so auch bei den anderen
Sprachen. Für den Wechsel beider Laute scheint aber die Nachbarschaft von Labialen und Liquidis besonders günstig zu sein.

§ 3. א—غ. Hebr. und aram. א vertritt sporadisch auch das
ar. غ. Es ist dies nicht befremdlich, weil ja das Letztere im Nordsemit. mit ע zusammenfällt also auch dort die Schicksale desselben
theilt. Das nordsemit. ע, welches dem ar. غ entsprach, konnte daher,
wenn dieselben ursächlichen Bedingungen vorlagen, sich ebensogut
sporadisch in א umbilden, wie wir dies oben von dem ע, das = غ
ist, gesehen haben. Die wenigen mir aufgestossenen Fälle haben
alle den Labial פ im Hebr. neben dem Guttural im Stamm. Es sind:

אֲפֵר „Kopfbinde", zu dem Fr. Delitzsch wohl mit Recht
den assyr. Stamm *apâru* „bekleiden", bes. auch „bedecken" (das
Haupt) gestellt hat[1]), steht dem syr. ܚܡܪ „Haube" ܡܚܡܪ „Um-
schlagtuch", jüd.-aram. מַעְפְּרָא (auch Targumwort für אֲפֵר, s. weiter
Kohut, Ar. V, 207) mischn. מַעְפּוֹרֶת und dem ar. مِغْفَر „helmartige
Kopfbedeckung" gegenüber. Das Hbr. und Assyr. bieten hier א
gegenüber ar. غ und aram. ע.

In den übrigen Fällen ist mit dem Wechsel des Gutturals
auch eine gleichzeitige Verfärbung des Labials verbunden: während
dieser neben dem hebr. א stets als פ erscheint, tritt er neben dem arab.
غ durchweg als Media ב auf. Es sind dies:

פִּתְאֹם „plötzlich", das zu ar. بَغْتَة gehört (mit Metathese des
2. und 3. Radicals). In derjenigen hebr. Form, welcher die Endung
ōm fehlt, in פֶּתַע, ist das ע wie im Arab. erhalten; nur vor der
Endung ōm ist es stets zu א geworden. Die beiden hebr. gleichbedeutenden öfter verbundenen Wörter פֶּתַע פִּתְאֹם als wurzelhaft
verschieden anzusehen, liegt kein Anlass vor, ist auch bisher m.
W. nicht geschehen.

---

[1]) Prolegg. 54. Auch die assyr. Schreibung reflectirt deutlich ein א,
nicht ע, sonst müsste die bei ע und ח übliche Vocalbrechung vorliegen. Dass
es den im Text angeführten syrischen Wörtern entspricht, was Nöldeke
ZDMG 40, 720 betont hat, thut seiner Zugehörigkeit zu dem hebr. Nomen
(gegen Nöldeke) keinen Eintrag.

אֵפֶר entspricht in gleicher Weise dem ar. غَبَر [1]). Es bedeutet nicht, wie durchweg angenommen wird, „Asche" sondern, wie غبر, „Staub". Das zeigt z. B. Mal. 3, 21: „Ihr werdet die Frevler zertreten; denn sie werden *Staub* (אֵפֶר) sein unter Euren Fusssohlen"; „Asche" hätte natürlich keinen Sinn. Die übliche Fassung des Worts als „Asche" erweist sich auch als falsch aus seinem Gebrauch bei Trauerceremonien. Der Trauernde setzt sich öfter עַל הָאֵפֶר (Hi. 2, 8, Jon. 3, 6). Das kann nicht bedeuten „in die Asche"[2]); denn einmal kennt die traditionelle Trauer bei den Juden nur ein Niedersitzen auf die Erde, nicht aber ein Sitzen auf Asche; zweitens wird in anderen parallelen Stellen von Trauernden unzweideutig vorausgesetzt, dass sie am Boden, auf der Erde sitzen, vgl. יֵשְׁבוּ לָאָרֶץ Klgl. 2, 10, שְׁבִי עַל עָפָר Jes. 47, 1; nach Ablauf der Trauer wird zugerufen: הִתְעָפְּרִי קוּמִי. Auch das Bestreuen des Hauptes erfolgt mit עָפָר „Staub" Jos. 7, 6, Hi. 2, 12, Ez. 27, 30 und trotzdem oder vielmehr gerade darum kann dafür אֵפֶר 2. Sm. 13, 19 stehen, wie es auch Ez. l. l. im Parallelismus mit jenem vorkommt[3]). Die herkömmliche Phrase „in Sack und Asche trauern" beruht also auf einem alten Uebersetzungsfehler. Dieser selbst ist dadurch entstanden, dass אֵפֶר „Staub", gerade so wie die anderen synonymen Wörter gelegentlich auch einmal auf „Asche" übertragen wird. (Num. 19, 9. 10). Ganz dasselbe tritt aber bei עָפָר, das unbezweifelt „Staub" ist, gleichfalls gelegentlich ein (Dt. 9, 21; 2. K. 23, 4. 6)[4]). Wie nahe sich beide Wörter in der Bedeutung stehen, ergibt sich aus Num. 19, wo für „Asche"

---

[1]) Während עָפָר = ar. عَفَر ist.

[2]) Wenn Hiob 2, 8 in seiner Trauer sich in אֵפֶר setzt, so haben das seit Wetzstein bei Del. die Erklärer von einem Düngerhaufen (Mezbele) ausserhalb der Stadt verstehen wollen, wohin er als Aussätziger sich zurückgezogen habe. Wie will man es dann aber erklären, wenn Jona 3, 6 der König von Ninive sich עַל הָאֵפֶר setzt? — Es bedeutet beide Male nur „auf die Erde", „in den Staub".

[3]) Vielleicht beruht aber auf der Deutung dieses אֵפֶר als „Asche" das ganz vereinzelt vorkommende Bestreuen des Hauptes mit אפר = מקלה „Asche" in der allgemeinen Trauer Miš. Ta'n. 2, 1.

[4]) Das arab. قَتَم „Staub" hat im Aram. קטמא sogar durchgehends die Bdtg. „Asche".

vs. 9, 10 אֵפֶר, vs. 17 aber עָפָר steht. Auch die Phrase vom hinfälligen Menschen „ich bin nur עָפָר וָאֵפֶר" Gen. 18, 27 kann nur bedeuten „ich bin Staub und Erde", aus ihnen geschaffen und in sie wieder zerfallend, aber nicht „Asche". Die Sprache der Mischna- und talm. Zeit hat davon noch ein Bewusstsein gehabt; wenn dort von „Asche" gesprochen werden soll, wird אפר noch mit einem Zusatz versehen; so אפר מקלה „Staub der Verbrennung" = „Asche" Miš. Taʿn. 2, 1, Kel. 9, 3; b. Talm. B. bath. 60b; Makk. 21a; אפר שרופין Miš. Ohol. 2, 2 (Kohut, Pl. ʿAr. I, 235). Dieses אֶפָר „Erde" ist mit ar. غَبَر identisch ¹).

Hb. שָׁאַף „gierig sein, schmachten"²) (nach Luft Jer. 2, 24; 14, 6; nach Schatten Hi. 7, 2; nach Menschen gierig schnappen Ps. 56, 2. 3; 57, 4 u. s.) entspricht unter denselben Lautbedingungen dem ar. سَغِبَ „hungern" Qor., Mfḍḍl. 24, 9; Kâmil 774, 1. Die Bedeutungen verhalten sich genau so zu einander wie das allgemeine رَغِبَ „begehrte" zu dem speciellen רָעֵב „hungerte".

§ 4. Der sporadische Wechsel von א und ח ist durch שְׁאָר (hbr. und jüd.-aram.) = سَأَر „übrig sein" gegenüber syr. ܐܫܬܚܪ gesichert. So stellt sich ferner hb. אָפַן „umgab" (5 Mal) zu ar. حَفّ „umgab".

§ 5. א–ח = ح. Da im Nordsemitischen ح mit ح in dem ח zusammengefallen ist, so konnte dort א mit ח, das = ح, sporadisch ebenso wechseln, wie א mit ח = ح. Einen sicheren Fall dieser Art sehe ich im hb. הִתְפָּאֵר „sich rühmen", das = ar. فَخَر „sich rühmen" ist; פָּאֵר „Ruhm" = فَخَر. Wie man im Hebr. weiter prächtige Gewänder als בִּגְדֵי תִפְאָרֶת Jes. 52, 1, כְּלֵי תִפְאָרֶת Ez. 16, 17. 39 u. s. bezeichnet, so nennt sie der Araber خَلَعَ فَخْرٍ,

---

¹) Diese Identität würde übrigens auch anzunehmen gewesen sein, wenn die bisher angenommene Bedeutung von אֶפָר richtig gewesen wäre, s. S. 20 Anm. 4.

²) Hat natürlich mit נָשַׁף „blasen, wehen" (Ges. lex. s. v. אֲשׁיׁ) Nichts zu thun.

ثِياب فاخِرة Agh. V, 26, 13; 147, 6 v. u.; II, 23, 2; 1001 Nacht
II, 22, 1 u. ö. (Bûl. 1251). Und wie das hcbr. Wort weiter alle
möglichen prächtigen Dinge (Haus, Krone) bezeichnet, so das arabische
prächtige Bäume und Pflanzen Lebîd 11, 3; 86, 2 Châl. — Zu
נאף „ehebrechen" hat Brugsch, dem Erman folgt, aeg. *nhp* „begatten" gestellt, ZDMG 46, 113. Dem entspricht aber auch im
Arab. نكب „begatten", das ich schon früher, ohne jene Identi-
fication zu kennen, mit נאף verglichen hatte. Gehören die beiderlei
Wurzeln zusammen, so ist das uralte ع auch hier im Hebr. in ein
א übergegangen. — Man beachte, dass in beiden Fällen, wie auch
bei אפף § 4 der Labial ף bezw. ב neben dem Guttural steht,
dessen Einfluss auf den Wechsel des א mit anderen Gutturalen
wir schon oben beobachtet haben.

§ 6. ح—ع. Der gelegentliche Uebergang von ح und ع in einander ist schon innerhalb des Arab. an Fällen wie حفض = عفض
„beleibt", اعتكل = احتكل „ist dunkel, zweifelhaft", بعثر = بحثر
„zertheilte" nachweisbar, zweimal hierbei neben Labialen. — Ebenso
findet er sich in andern Idiomen einige Male. Im Anlaut: Hbr.
חבי „m. Busen" vgl. m. syr. خصا, während in jer. Targg. beiderlei
Formen nebeneinanderstehen (Levy TW I, 233—4; II, 195). —
Hb. חמץ „gewaltthätig handeln" (חמץ, חמוץ) = aeth. ሀመፀ (schon
von Ges. lex. vergl.). — So stelle ich hb. חגר = حمس „hinkend"
(gewiss ist auch mand. חארכתא/ הארנתא „Schiefheit"[1]) gleichen
Stammes) zu ar. اعرج „hinkend".

Im Auslaut: Hb. פרח „sprossen, blühen" = ass. *pirhu* „Ge-
wächs" (mit *h*) = syr. صمح „sprossen", — hb., aram. צוח „schrie",
übereinstimmend mit صوح, gegenüber aeth. ሀወዐ „rief·.

§ 7. ח und ה wecheln mit einander in dem häufigen
misch.-talm. בירחו (בעל) „trotz seines Widerwillens, seiner Ab-
neigung", dessen Identität mit ar. كره schon erkannt ist. Be-

---

[1] Nöldeke, mand. Gr. § 43. — N.'s Ableitung aus كذف dürfte
obigem Stamm gegenüber aufzugeben sein.

merkenswerth ist, dass in der in Jemen geschriebenen Handschrift des Midr. haggādōl — wie mir Hr. Dr. D. Hoffmann mittheilt — durchweg כירהו geschrieben wird, also in Jemen dialectisch noch das ה wie im Arab., wahrscheinlich durch Einfluss desselben, im Aram. bewahrt worden ist. Bei der sonstigen Uebereinstimmung der talm.-midr. Handschriften und Drucke in ה ist nicht zu bezweifeln, dass dies ה eine nur vereinzelte Dialecteigenheit ist. [Dagegen das syr. مَرِیْض „krank" ist auch im Talm. nach den meisten LA stets als בריה erhalten, Levy NhW II, 396. 398; Kohut IV, 317— 8]. - So entspricht auch das sp\u00e4thbr.-trg. חתך „schneiden" (s. schon Dan. 9, 24, häufig in Misch. und Talm.) dem ar. قَدَّ „durchschneiden, durchreissen", z. B. Ketten Hansâ 55, 6, eine Hülle (oft).

Lippenlaute.

In einer Reihe von Fällen wechseln Labiale bei derselben Wurzel in den verschiedenen Idiomen mit einander. Am relativ häufigsten ist darunter der Wechsel von ב mit פ, und dieser zeigt sich wieder öfter im In- und Auslaut, als im Anlaut der Wurzeln. Zumeist weist das Nordsemitische, besonders das Hebr., ein פ gegenüber einem südsemit. ב auf; das umgekehrte Verhältniss ist weit seltener. - Neben dem Wechsel dieser Labiale kommt auch seltener ein solcher zwischen ב und ו, פ und ו, ב und מ vor.

§ 8. ב—פ. — a) Als erster Radical. Schon Nöldeke[1]) hat daran erinnert, dass das Aram. öfter im Anlaut פ statt eines ב in anderen Idiomen aufweise. indem فَرْزِلُ [aber auch assyrisch par-zillu] dem hb. בַּרְזֶל, مَفَدَّلِ „Ebene" sowohl dem hb. בִּקְעָה, als dem ar. بَقِيٌ u. s. w. gegenübersteht; vgl. auch خَرْبُسَ „Melone" mit hb. אֲבַטִּיחַ, ar. بَطِيخَ. Diesen Fällen ist noch weiter der aram. Stamm رَشَّ „besprengen, befeuchten" [vgl. auch رَشَّ Julianus-R. 63, 16 und رَشَّشَ „bespritzen, beflecken" Kal. w. D. 21, 13, Acta mrt II, 71, 6. v. u., Barh. chr. 395, 3 v. u.] anzufügen, welcher mit hb. בָּלַל, ar. بَلَّ „besprengte" identisch ist: בְּלִיל „befeuchtet" Lev.

---

¹) Mand. Gr. S. 47, N. 3. · Die speciell im Mandäischen vorkommenden häufigeren Veränderungen der Labiale s. das. S. 47—50.

9, 4, Num. 7, 13 u. s. wird daher sowohl im Targ. wie in der Peš. mit פּיל übersetzt.

Dem Hebr. und Aram. gemeinsam ist ein solches פ in פִּשֵׁשׁ, عَمَلٌ = ar. بسَمَ, sowie in פַּרְעֹשׁ, هَنَجْكَ ثَعَنَكَ „Floh" = ar. بَرْغُوت. Im letzten Fall hat zugleich eine Metathese des ע und ר stattgefunden. Das Gleiche liegt vor in hb. פֶּתַע „Plötzlichkeit", בְּפֶתַע „plötzlich", das zu بَغَتَ „plötzlich" zu stellen ist[1]). — In hb. פָּאַר „hält Nachlese" = syr. كَلَ ist mit dem Labial zugleich der Guttural modificirt. — פּוּר „zerstreuen" ist die gewöhnliche und einheimische hebräische Form gegenüber ar. بَذَر, aram. صَرِ, woneben das vereinzelte hb. בַּזַר Ps. 68, 31, Dan. 11, 24 als Aramaismen anzusehen sind. — In diese Reihe scheint mir auch hb. פוּחַ oder פִּיחַ zu gehören mit der Bdtg. „aussprechen, kundgeben" z. B. יָפִיחַ כְּזָבִים (5 Mal in Prov.) „wer Lügen spricht", יָפִיחַ אֱמוּנָה „wer Wahres redet" Prov. 12, 17, das von פּוּחַ „wehen, duften"[2]) zu trennen ist. Ich stelle es zu بَخَّ بِشَىء „er theilte etwas mit, was er wusste" Huḏ. 271, 40; vgl. بِذِكْرَى „nennet meinen Namen" Agh. VII, 108 M.; هُوَ بَؤُخَّ بِمَا فِى صَدْرِه „er offenbart sein Denken" (Lane). Nur ist der hebr. Stamm direct transitiv, der arab. erst durch Vermittlung von بَ.

Das umgekehrte Verhältniss: Hebr. und syr. ב = ar. פ, ist weit seltener. Dahin dürfte gehören hb. בָּדָק „Riss, Spalt" (an e. Gebäude)[3]) vgl. mit تَفَقَّ „Riss" dessen Gegensatz رَتَق „einen Riss beseitigen" ist z. B. رَتَقَ الْفَتْقَ Tab. III 614, 21; ferner Qor. 21, 31 u. ö. In Folge particieller Assimilation hat das Arab. zwei Tenues gegenüber den beiden Mediae des Hebr.; welche von beiden die urspr. Form gewesen sei, wird kaum festzustellen sein. — Endlich vermuthe ich, dass חָפַשׂ „mit Gewalt nehmen"

---

[1]) Vgl. über dieses und פָּחָאם S. 19.

[2]) Vgl. HL 2, 17; 4, 6 = نَخَ „wehen", vom Wind.– הפיח „duften machen" HL 4, 16 ist Causativ dazu, vgl. نَخَ „duften".

[3]) Das syr. صَبَ „ausbessern" = hb. בָּדַק 2. Chr. 34, 10 wird denominirt sein (s. Ges. lex.)

und بطش „mit Heftigkeit ergreifen" wurzelverwandt sind, obgleich sie durch die Metathese und den Wechsel des ת für ט neben dem der Labialen jetzt ziemlich unähnlich aussehen; im Hebr. hat vermuthlich die eine Tenuis die zweite nach sich gezogen. — [Ueber assyr. *palâsu* „ansehen" = jüdisch-aram. בלש „untersuchen" vgl. S. Fränkel ZA III, 55].

b) *Als zweiter Radical.* Im Inlaut wechselt bekanntlich א und ע in hebr. עֹפָרֶת „Blei" gegenüber syr. أَصْرْ‎ (in's Arab. als Fremdwort ابار gewandert[1]). — Umgekehrt dürfte in derselben Lautconstellation עפ = אב das syr. كَمَّ‎ „umfasste, umschlang" dem hb. אבק „umfasste" beim Ringen Niphal Gen. 32, 25. 26 entsprechen. — Man darf bei dem syr. كمه‎ nicht etwa an die hbr. Wurzel חבק „umarmen" denken, weil dieses Letztere auch im Syrischen durch مسعب‎ „Umschlingung" (BA, BB bei PSm 1183) vertreten ist. In der Miš. gehört hierzu חבק „ein den Leib umschlingender Gurt, der den Sattel des Thiers festhält" (Kēlìm 19, 3; s. auch Tlm. Šabb. 64a; so nach Maimon. und Aruch s. v. קלקי in dessen erster Erklärung). Dem entspricht vollständig das ar. حَقَب „Gurt um den Bauch" Kâmìl 764, 16, welches daneben wie auch حقب, auch einen geschmückten Frauengürtel bedeutet. Dem hbr. חבק „umschlingen" steht also im Syr. سعم‎, im Arab. حقب gegenüber, während im Aeth. ሐፈፈ correspondirt.

In mehreren echtsemitischen Wurzeln, bei welchen auf den Guttural ein *r* als 3 Radical nachfolgt, hat das Hebr. ein פ gegenüber südsemit. ב. So ist das hb. חפר „auskundschaften, Kunde suchen" (über e. Land u. s. w.) Deut. 1, 22, Jos. 2, 2. 3 u. ö., „ausspähen nach etw." Hi. 11, 18; 39, 29 das Aequivalent des ar. خَبَر „Kunde", خَبَر er erprobte, suchte genaue Kunde zu erlangen" (Lane „he proved by trial or experiment or experience") Ham. 699, 14. — Dem hebr. ספר „zählen", welches = aeth. ሰፈረ „messen, messend bestimmen"[2]) ist, stellt sich in

---

[1]) Fränkel, Fremdw. 152.

[2]) Nahe verwandt ist eine Wurzel *safara* etwa = „zählte"; vgl ኣስፈርፕ „wie viel" eigtl. „welche Anzahl"?

gleicher Weise سَمَّرَ „Mass und Zahl einer Sache bestimmen" an die Seite; z. B. مَفَازَةٌ لَا تُسَمَّرُ „e. Wüste, deren Ausdehnung nicht zu ermessen ist; فِيهِ خَيْرٌ كَثِيرٌ لَا يُسَمَّرُ „in ihm ist viel Gutes, das nicht gezählt, gemessen werden kann"; سَمَّرْتُ الْقَوْمَ „ich musterte die Leute genau, um ihre Gesinnung zu erkennen" Tab. II, 172, 10, oder that J migth know their number (s. Lane nach A u. Mṣb.); „ausmessen" (die Tiefe e. Wunde Huḏ. 169, 2). Im Hebr. ist die gewöhnliche Bedtg. „zählen"; doch auch die etw. allgemeinere des Arab. und Aethiop. „etw. sorgfältig mustern, messend bestimmen" findet sich Hi. 28, 27, Jes. 22, 10; 33, 18; Ps. 48, 13.

Von obigem Stamm zu trennen ist סָפַר „schreiben" סֵפֶר „Buch" u. s. w., auch syrisch, obgleich es im Hebr. in der äusseren Form mit jenem zusammengefallen ist. Auch hier entspricht das hb. ס vor dem r einem südsemit. ت; das arab. Aequivalent ist nämlich زَبُور, Pl. زُبُر „Schrift" Jmrlq. 63, 1; 65, 2; Lebîd 61, 4; Qor. 21, 105 u. ö., das von den Arabern erst aus südlichen Idiomen übernommen ist[1]), wie auch positive alte Hinweisungen der Araber selbst bezeugen (Lebîd 61, 4, Jlliš. 47, 6). Das Eintreten eines aeth. H == ز für ein ursprüngliches ڕ = س = ס neben einem b ist im Aethiop. durch eine Reihe weiterer Fälle gesichert (s. § 24), daher auch aus dem Verhältnisse des ز zu ס in den obigen beiden Stämmen kein Einwand herzuleiten[2]). — Vermuthungsweise wage ich auch das ar. صَبًا „östlicher (Wind)", رِيحُ الصَّبَا „Wind des Ostens" mit dem hbr. צָפוֹן = ṣafâ + Endung n[3]) „Nord" zu vergleichen; die Differenz in der Bedeutung steht ihrer Gleichsetzung wohl nicht entscheidend entgegen. Das

---

[1]) Wie Fränkel. Fremdw. 248 mit Recht aus der parallelen Schreibung ذبر und زبر Huḏ. 18, 7. 40 geschlossen hat. Dagegen ist seine Herleitung dieses Stamms aus dem aram. מזמור gewiss unrichtig.

[2]) Dem qoran. Plural أَسْفَار „Bücher" liegt ein hebr. oder aram. Fremdwort zu Grunde. — Auch das مِسْبَرَة „Tafel" des Qam., das ich nicht belegen kann, ist schon seiner Form nach unarabisch.

[3]) Wie קִטְלוֹן, חָזוֹן u. s. w. = qaṭâ + (â)n. S. Nominalbildung § 197 c.

gegensätzliche נֶגֶב ist ja ebenfalls im Arab. als جنوب vorhanden; s. S. 4. — Dass אֵפֶר „Staub" bedeutet und = غبار ist, wurde schon oben (S. 20—21) ausgeführt; auch hier folgt ein *r* auf den Labial. — Dagegen findet sich kein *r* bei צָפוּף „gedrängt, enge" 'Abôth 5, 5 = aeth. und amh. ጸቢብ, wo aber auch das Arab. mit einem פ in صَفّ „Reihe und Glied", صفيف „aneinandergereiht" concurrirt. — Ob auch hebr. תְּפֵלָה,תָּפֵל „Schlechtigkeit" (in Mischna und Midr. auch „Ausgelassenheit", s. Levy, NhWB s. v.) mit ar. تَبْل „Hass, Feindseligkeit" aus welchem تَبَل „macht elend, bringt herunter" Agh. VI 42, 10 v. u., JHiš. 522, 7, JAhnaf 6, 23 denominirt ist, zusammengehört? — Innerhalb des Nordsemit. stelle ich so hebr. שֵׁבֶר „Deutung e. Traums" Ri. 7, 15 zu dem bekannten aram. פְּשַׁר (Traum) deuten[1]), das als غَسِّر in's Arab. aufgenommen worden ist[2]). — Vom Aram. aus verbindet sich so حَصّ „ergreifen" mit aeth. ኀበጠ „berühren", auch „packen", = verletzen".

c) *Als dritter Radical.* Auch hier vertritt öfter nordsem. פ ein südsem. ב. Bekannt ist hb. und aram. שְׁלַף „ausziehen" = ar. aeth. سلب. — Hierzu kommt weiter: Misch. u. talm. טָרַף Niph. u. Pual „verwirrt sein" (v. Geist, z. B. Miš. Ber. 5, 5; Nidd. 2, 1; Tlm. Snh. 89b, u. ö., s. Levy) = اِضْطَرَب mit Nomen اِضْطِمَا „Verwirrtheit" = طَرِب „erregt sein" (vor Freude oder Trauer)[3]). — Dessgleichen ist hb. עָטַף „hinschmachten, siech, elend sein" (z. B. בעטף לבי Ps. 61, 3; 102, 1; העטופים „d. Hinschmachtenden" Klgl. 2, 19; Hithpa. öfter) = عَطِب „hinschmachten, umkommen" Hutaj'a 1, 15, Dinaw. 61, 3, „müde sein"; مَعْطَب „Un-

---

[1]) Das isolirte פֵּשֶׁר in Qoh. 8, 1 ist Aramaismus

[2]) Fränkel 286.

[3]) Dagegen ist aram. טָרַף „schlagen" Chull. 3, 3 u. s. w., „klopfen" z. B. an die Thüre Tlm. b. Ber. 28a, Snh. 97a, syr. auch „klatschen" (d. Hände, Kal. w. D. 40, 4. 5), welches im Hebr. „zerreissen" bedeutet, = طرف „schlagen", also ein anderer Stamm. Wieder eine andere Wurzel ist טֶרֶף „Speise, Nahrung" = تَزْقَة, s. § 16.

tergang" Ṭarafa 1, 6 = عَتَبْ Lebîd 16, 5 [1]). — עָלַף Pual u.
Hithpa. „matt, ohnmächtig sein" Am. 8, 13, Jes. 51, 20 u. s. [2])
ist unter Metathese der ersten Radicale = لَغَبْ „schlaff, matt
sein" Qor. 35, 32; 50, 37, Leb. 46, 2; Achṭal 153, 1; 188, 1 u. ö.
נֶדֶף = صَخْرْ „höhnte", lästerte" entspricht wohl dem ar.
جَدَبَ „tadelte, höhnte" (Ham. 731, 1, vgl. auch den von Tebr. z. St.
citirten Vers). Innerhalb des Nordsemit. gehört so תֹּאַף „Gespei" zum syr.
اِرَقْ „ausspeien" Prov. 25, 16, رُقَّا „Gespei". Letzteres darf
man also nicht mit Lagarde (Uebersicht 179, 25) von رَقَّا = hb.
שׁוּב „zurückkehren" ableiten. — Jüd.-aram. תֵּכֶף „sofort, ohne
Unterbrechung nachfolgen" [3]) ist = syr. تَقَّا „kommt schnell" Jes.
8, 1. 3; Aphel „lässt ohne Unterbrechung kommen, laufen" Prov.
25, 17; تَقَّا „ununterbrochen kommend" (Regen, Erdbeben u. s.w.).

Das seltenere umgekehrte Entsprechen eines hb. בּ = ar. ف liegt
vor in יָעִיב „verschmäht, verwirft" Klgl. 2, 1, von welchem das
häufige תּוֹעֵבָה „Abscheu" nicht getrennt werden kann [4]), obgleich
das Verb einen ע"ו oder ע"י-, das Nomen ein פ"ו-Stamm vor-
aussetzt; s. S. 11. Sie gehören nicht zu ar. عِب „tadeln", sondern zu عَافْ, يَعِيفُ „verabscheute, fand widerlich", Speise und
Trank Lebîd Hub. n 47, 28, JHiš. 576, 10 = Tab. I, 1408, 6, Kâmil

---

[1]) Natürlich zu trennen von hb., syr. עֲטַף „umhüllen", das auch im
Arab. so lautet, vgl. عَتَبْ „Umhang"; ferner von einem zweitem עֲטַף hb.
(Hi. 23, 9) und syr. „sich wenden" = ar. عَفَا „neigen, beugen",
عَطْف „Seite" u. s. w.

[2]) Von עָלַף „(mit e. Schmuck) bedeckt, eingefasst sein" HL 5, 14
zu trennen.

[3]) z. B. תכף לגאולה תפלה „gleich nach der G. folgt die T." u. s. w.
Ber. 42a; ferner Men. 93b, Mo'ed q. 17b, u. s. w.

[4]) Die Ableitung des Letzteren von تَغَبْ „Verderbniss, Schmutz,
Hässlichkeit" Huḍ. 128, 2 (Ges. thes.) ist wegen der constanten Schreibung
תועבה mit ו nicht möglich.

710, 7; 732, 2, „verabscheute" eine widerliche Frau Dînaw. 32, 1 u. s. w. Von חוֹעֵבָה ist תָּעֵב erst denominirt worden.

Nicht in diese Reihe darf man das aram. سَرِف „schlürfen" (auch späthebr. in der Misch.) setzen, als ob ihm ar. شَرِب „trinken" entspräche; denn in Wirklichkeit gehört es zu رَشَف „schlürfen" Huḏ. 276, 48, Achṭal 184, 3 u. s.

§ 9. ב und ו. — Dass der labiale Spirant und die labiale Media sporadisch wechseln können, ist durch späthebr. הרויח, talm. ארווח „Gewinn machen" (Levy NhW IV, 4, 32) = ar. رَبِح mit Subst. رِبْح gesichert. Das Hebr. bezw. das Nordsemit. zeigt diesen Uebergang mehrfach neben dem ק. So in dem hebr. נקוה „sich sammeln" מקוה „Wassersammlung" gegenüber syr. ܩܘܳܐ „sammeln" (Wasser) Jer. 2, 13 u. s., vgl. ܩܘܳܝܳܐ (sonst auch noch ܩܶܘܳܝܳܐ Ex. 7, 19 u. A. „Ansammlung v. Wasser"), welches Jes. 22, 11, Lev. 11, 36 geradezu jenes מִקְוֵה מַיִם übersetzt. — Im gleichen Verhältniss steht syr. ܩܰܘܺܝ „blieb" zu ar. بَقِىَ „blieb". — [Vgl. dazu ܩܰܕܶܢ = فَقَر „springen" (§ 10), wieder bei einem ﻁ]').

Ein bisher nicht angenommener hebr. Stamm קוה = „verkündigen, aussprechen" ist mir durch die Uebereinstimmung mehrerer Stellen wahrscheinlich: 1) Ps. 19, 5 [vorher geht: „ohne Rede und Worte, ohne dass vernommen wird ihre Stimme" (קולם)] „geht doch über die Erde hin קַוָּם = „ihre Verkündigung ²)

---

¹) Man könnte demnach geneigt sein, auch das hebr. קִוָּה = syr. ܩܰܕܶܢ „hoffte" zu dem ar. بَقَى „erwartete" (s. Lane) stellen zu wollen; vgl. die Tradition بَقَيْمِنَ رَسُولَ اللهِ اىَ انتَظَرْنَه (Gauh.). Aber dieser arab. Wurzel entspricht vielmehr das syr. ܩܡܰܐ „prüfte, untersuchte", Ethpa: „betrachtete, erwog", das sich zu jenem verhält, wie spectavit zu expectavit u. A. m.

²) Vgl. מְסַפְּרִים in vs. 2.

und bis an's Ende der Erde ihre Worte", d. h. obgleich ohne
laute, hörbare Rede (קול) ist ihre Verkündigung gleichwohl über-
allhin vernehmlich; 2) Jes. 28, 10, 13: קַו לָקָו beide Male parallel
mit צַו לָצָו und nach vorhergegangenem „er ertheilt Unterweisung"
(vs. 9) muss etwas wie „Aufruf, Befehl" bedeuten; daher der
Prophet dagegen replicirt, (da Euch diese bisher gewohnte Art von
Befehlen widerwärtig ist) vs. 11: „so wird Er in einer fremden
Sprache und in anderer Zunge mit diesem Volke reden"; „Mess-
schnur" für קו gibt in diesem Zusammenhang keinen Sinn. —
3) Ps. 52, 11 וַאֲקַוֶּה שִׁמְךָ כִי טוֹב muss heissen „ich verkündige,
dass Dein Namen gut ist", besonders da נגד חסידיך dabei steht.
Dieser Sinn ist auch von zahlreichen Erklärern bereits als noth-
wendig anerkannt (s. Hupf² z. St.), nur dass sie ihn in אקוה nicht
finden konnten. — 4) Ps. 40, 2ª קַוֹּה קִוִּיתִי ה' mit der Fortsetzung
in b: „da neigte er sich zu mir und hörte mein Flehen". Aus
Glied b folgt, dass in a steht „ich rief Gott an". — Das Zusam-
mentreffen dieser Stellen beweist m. E. das Vorhandensein einer
Wurzel קוה „verkündigen, rufen". Es ist das unabhängig davon,
ob wir eine etymologische Anlehnung für sie besitzen oder nicht.
Ich vermuthe, dass sie mit dem sehr gewöhnlichen assyr. Stamm qabu
„verkündigen", aqbî „ich sprach (z. B. im Gebet, Nebk. EJH I, 54),
verkündigte, befahl", qibîtu „Ausspruch, Befehl" u. s. w. zusammengehört. Die Bedeutungen decken sich vollkommen. Auch hier ist
wieder ein ק im Stamm.

Hebr. ב für ar. و findet sich in zwei Wurzeln, jedesmal neben
לה. Das hebr. בלה, woher בַּלָּהָה „Schrecken" = syr. ܟܠܗ
„erschrecken", ist im Arab. mit ب nicht vertreten¹), wohl aber
durch بله „erschreckt, betrübt sein"²) Kâmil 200, 9; 715, 8,
JHiš. 634, 8. — Ebenso entspricht dem Stamm בהל (im Niph.)
„erschreckt sein" kein arab. بهل, wohl aber vollkommen وَجِل
„furchtsam sein". وَجَل „Furcht" Tab. II, 233, 17 ist = בֶּהָלָה.

Ein Fall, in welchem im Arab. neben einander ein Stamm

---

¹) بله bedeutet „einfältig, sorglos sein".

²) G erklärt وَجِل mit „kopflos, bestürzt sein".

mit ‍ und ein solcher mit ۱ in gleicher Bedeutung stehen, also
Wurzelspaltung oder -verwandschaft vorliegt, ist folgender: Das
hb. תַּחְבּוּלָה „kluges, listiges Verhalten, geschickte Leitung" muss
zunächst zu dem aeth. ሐበለ „schlau, verschlagen" ሕብል „List",
woraus denominirt ሐበለ „listig handeln" gestellt werden,
welchem auch im Arab. حَبِل und خَبِيل „schlau, gewandt" entspricht. Im Arab. geht nun aber daneben noch ein w-Stamm
her: حَوِل, حَوَانِي „gewandt, schlau" Urwa 23, 11, Achṭal 167, 2
mit dem bekannten Subst. حِيلَة „List" احْتَنَل „listig handeln"
u. s. w., welcher Stamm von obigem ḥbl schwerlich losgerissen
werden kann. — Eine ähnliche Spaltung zeigt das hebr. שׁוּלֵי
(nur cstr. Plur.) „unterer Saum" des Gewandes neben שֹׁבֶל (nur
Jes. 47, 2). Im jüd. Aram. tritt sogar noch eine dritte Form mit פ
auf: שִׁיפּוּלָא „Saum" (Targ. Ex. 28, 33 etc., Klgl. 1, 9 für das
hb. Textwort שׁוּלִי; Talm. Sanh. 102 b u. s., Levy NhW s. v.),
vielleicht in Folge volksetymologischer Annäherung an den Stamm
שָׁפֵל „unten sein".

§ 10. Den Wechsel von radicalem ۱ und פ im Aram. zeigte
schon der zuletzt genannte Fall שׁיפּולא. Er ist hier noch an einigen
andern Wurzeln nachweisbar. Ein aram. ۱ für sonstiges פ findet
sich in أُوَدِعٌ „Frosch" gegenüber hb. צְפַרְדֵּעַ, ar. ضِفْدَع; — in
لَيَّث „beschmutzte" == ar. طَفَسَ „unrein sein". · Innerhalb der
aram. Dialecte selbst vgl. syr. عَقَب „springen" mit targ. und midr.
קפז (Levy Nh. WB IV, 352), neben welchem auch קפץ (Misch., beide
Talm., das. S. 356; das ץ durch Einwirkung des ק) vorkommt[1]).
In diesem Fall ist das benachbarte ק bei dem Wechsel der Labiale zu beachten, vgl. S. 29. — So dürfte auch das bisher unerklärte assyr. šēpu „Fuss" zu ar. شَوَى „Fuss" (Ham. 334, 1
parall. mit قَدَم, Agh. ed. Kos. 122, 4 v. u.) gehören, obgleich
die Färbung des ersten Vocals im Assyr. auffällig ist. — Sollte

---

[1]) Die nordöstlichen Aramäer sollen nach Jacob v. Tagrit ܣ und ܦ
überhaupt wie c gesprochen haben; s. Nöldeke mand. Gr. S. 49.

so auch das hb. K'th. זֹעָה, Qrê זְוָעָה¹) „Schrecken", das keinen etymologischen Anschluss hat, zu dem arab. فَزَع „Schrecken" gehören?

§ 11. מ—ב. — Mehrere Fälle eines Wechsels zwischen dem labialen Nasal und der Media hat S. Fränkel ZA III 51, Anm. 2 zusammengestellt. Ihnen seien hier noch weitere hinzugefügt. Das späthebr. und aram. זִיבּוּרִית „geringwerthiges" (Feld)²) entspricht ar. زِمْر z. B. زِمْر الْمَال „armselig an Vermögen", عَطِيَّة زِمْرَة „geringe Gabe"; „gering, schwach" von d. Herrschaft Ṭarafa 5, 45, s. auch Lebîd 9, 4 LA. des schol. — Hb. טבע „einsinken" ist aram. טמע; im Aeth. ist das entsprechende ṭamₑa transitiv „eintauchen"³).

Hb. צרב „brennen" hat Fränkel a. o. a. O. mit ar. ضَرَم verglichen⁴). — Ein ganz entsprechender Wechsel, gleichfalls neben r, liegt vor in עָרַב (auch syr.)⁵) „die Mitverpflichtung für e. Schuld übernehmen", das ich zu غَرِم „eine Schuld oder Verpflichtung auf sich nehmen" stelle. Vgl. Lane zu dem Infinitiv: „the taking upon himself that, what is not obligatory upon him" z. B. غَرِمْتُ عَنْهُ مَا لَزِمَهُ مِنَ الدِّيَةِ „ich übernahm für ihn die Blutsühne, die ihm oblag". Vgl. z. B. Ham. 702, 4: „ich kümmere mich nicht darum أَنْ أَدِينَ وَتَغْرَمَا dass ich eine Schuld mache und Du dafür haftbar seiest". Im Arab. bedeutet es eine Schuldverpflichtung übernehmen, nicht blos für Dinge, die ein Anderer, sondern auch die man selbst schuldig ist, (Letzteres z. B. Qor. 9, 60, Ṭarafa 5, 71, IHiš. 463, 10); im Hebr. ist die erstere Bdtg. spe-

---

¹) So fast durchweg das Kth.-Qrê; in Dt. 28, 25, Ez. 23, 46 ist das Letztere sogar K'thib.

²) Miš. Gitt. 5, 1, Talm B qam. 7b u. ö. im Gegensatz zu עוֹדִית „vorzügliches". בֵּינוֹנִית „mittelgutes".

³) Das Verhältniss dieser aeth. Wurzel zu den genannten fasse ich anders als Fränkel, Fremdwörter 193.

⁴) Ich darf wohl bemerken, dass ich unabhängig von Fr. ebenfalls beide Wurzeln zusammengestellt hatte.

⁵) Dass einst auch das Phoenicische den Stamm besass, hat Lagarde aus ἀῤῥαβών „Pfand" erschlossen.

cialisirt worden. Die Construction in עָרֵב אֶת הַנַּעַר Gen. 43,9 ist
wie غَرِمَ دِيَة „er hat e. Sühnpreis zu erstatten, beizubringen übernommen"; ferner das bildl. עָרַב אֶת לִבּוֹ „sein Herz an etwas ver-
pfänden, ihm ergeben" wie das arab. passive مُغْرَم بِالْحُبِّ, بِالنِّساء
„ganz der Liebe, den Frauen ergeben", eigtl. „ihnen verpflichtet"
Ham. 558, 4, Agh. ed. Kos. 117, 2, Mas. VII, 22, 3, Tab. II, 498, 6.

§ 12. מ—פ. Ein gesicherter Fall ist hb. רמס „mit Füssen
treten" = ar. رفس, syr. ܪܦܣ [1]). — Hebr. שׂמח „sich freuen"
stelle ich zu aeth. ተሐሠየ. — Ob auch so das einsame עֵיפָה
„Dunkelheit" dem ar. غَيْمُ اللَّيْلِ „die Nacht ist dunkel" (Qam.,
TA), غَيْم „Wolkendunkel" entspricht?

Gaumenlaute.

§ 13. כּ—ג. Das Hebr. hat in mehreren Fällen כ gegenüber einem ג anderer Idiome. Zwar das כ im Anlaut in כחד
„leugnen" ist ursprünglicher als das ج im arab. جحد, da auch das
Aeth. ክሐደ, das Amhar. ካደ mit כ hat. — Aber im Inlaut
steht hb. נֶכֶד „Abkömmling" sowohl dem aeth. ነገድ „Geschlecht",
Nachkommen" als dem ar. نَجْل gegenüber (schon von Dillm. lex.
695 vergl.). Ebenso hebr. (Misch.) זכוכית „Glas" dem aram.
זגוגיתא = ar. زُجاج, welch Letzteres aber wohl aram. Fremdwort ist
(Fränkel S. 64). — Gleichfalls neben einem Silbilanten hat so das
Hebr. ein כ im Auslaut des Stamms in מַסֶּכֶת „Gewebe, Aufzug"
Ri. 16, 13, Miš. Kel. 21, 1 (vgl. auch מַסָּכָה „Decke"), also נסך
„weben" gegenüber ar. نسج (vgl. Ges. s. v.). — Dasselbe Verhältniss zeigt auch hb. מסך „mischen" (Wein) zum aram. מזג, ar.
مَزَجَ[2]); hier correspondirt im Aram.-Arab. zugleich mit der Media
der weichere, im Hebr. dagegen mit der Tenuis der schärfere
Zischlaut.

---

[1]) Wogegen das hb. רפשׂ „trübe machen" (des Wassers) bedeutet und
ohnehin wegen seines שׂ (nicht ס) nicht hiergehört. — Was mit התרפס
Spr. 6, 3, Ps. 68, 31 gemeint sei, ist dunkel.

[2]) Zum arab. Stamm vgl. Fränkel, aram. Fremdw. 172.

3

In anderen Sprachen steht so im Inlaut syr. ܚܓܝܣ „hinkend"
dem aeth. ሐንፈጸ „hinken" (von Dillm. 109 verglichen) gegenüber. — Dass innerhalb des Aram. selbst ܝܒܪܐ = trg.
גישרא neben ܓܘܫܪܐ = targ. כשורא „Balken" hergeht (Nöldeke,
mand. Gr. S. 41, N. 2) erklärt sich daraus, dass es Fremdwort
aus dem assyr.-babyl. *gušūru* „Balken" (oft in Bauinschriften) ist. —
Wahrscheinlich darf man aus der Vielfältigkeit des Anlauts in hb.,
syr., targ. גְּמָץ (hebr. nur im Qoh.) neben targ. כומצא und קומצא
ebenfalls auf fremden Ursprung schliessen; das vereinzelte Verb
נמץ Trg. Ps. 7, 16 ebenso wie das syr. ܠܡܚܨ kann, wie schon
PSm vermuthet, denominirt sein.

§ 14. ג und ק wechseln im Inlaut bei hb. נגף = aeth.
ነቀ „schlug" gegenüber ar. نَقَف „schlug"[1] mit d. Waffe Kâmil
454, 5, eine harte Frucht entzwei Imrlq. Mu‘. 4, ‘Alq. 13, 18;
IV. Conj. Agh. VI, 43, 4 v. u.[2] — Auf die Erweichung des ק zu ג
in syr. ܓܪܝܨܬܐ, jüd. גריצתא „Kuchen" gegenüber mišn.-hb. קרץ
= ar. قُنْ hat Fränkel, Fremdwörter 35 – 6, auf diejenige des
aram. שיגדא „Mandel" (in's Aeth. als ጸጋ‘ gewandert) durch Einwirkung der Media ד gegenüber hb. שקדים Nöldeke, Mand. Gr.
S. 39, N. 3 hingewiesen.

§ 15. כ und ק wechseln bekanntlich öfter in Folge davon,
dass ein in der Wurzel benachbarter emphatischer Laut das ursprüngliche כ zu ק steigert. In dieser Art ist wohl auch das כ,
welches übereinstimmend im ar. ضَحِكَ, syr. ܓܚܟ „lachen" vorliegt, im hbr. צחק durch Einwirkung des צ zu ק verstärkt.

---

[1] Ein ar. نَجَف „schlagen" gibt es nicht und ist auch durch نَجَف
„Unterschwelle" nicht zu erweisen (gegen Fränkel, Ar. Fremdw. 20). Der
mišn. Stamm für „verschliessen" ist nicht נגף, wie Fr. annimmt, sondern גיף
vgl. גף Miš. M. qat. 2, 1, גפה b. Talm. Nidd. 6b „sie hat verstopft" u. A.,
syr. ܓܦ Neh. 7, 3 „ward verschlossen". Daher ist auch מְגוּפָה „Ver-
schluss" (mišn., targ.) von גוף abzuleiten und die Vocale in יָגִיפוּ Neh. 7, 3
in voller Uebereinstimmung mit all diesen Thatsachen.

[2] Die etwaige Annahme, dass das ג im Hebr. durch Einwirkung der
Liquida *n* bewirkt sei, hat gegen sich, dass auch das Aeth. ein ግ aufweist,
dies also die Präsumption der Ursprünglichkeit für sich hat.

Neben einem weichem Dental und der Liquida *l* findet sich dieser Wechsel in einigen Fällen, wo man umgekehrt eine Schwächung des ק durch eben diese Nachbarlaute anzunehmen haben wird.

Das aram. כַּדוֹן, כְּמָ „jetzt" ist vom ar. قَد „jetzt, schon" nicht zu trennen. — Ebenso stellt sich das hiervon ganz verschiedene syr. כְּמָ „es genügt" = hbr. כְּדַי (Mišna u. s. w. oft) zu dem ar. قَط „es genügt"; vgl. قَطْنِي „es genügt mir" u. s. w. mit כֵל כְּמָ u. s. f.; s. weiter § 17. Hier hat das Arab. sowohl beim Gaumen- als beim Zahnlaut den emphatischen Vertreter; einer von beiden mag erst secundär den andern gesteigert haben. — Aehnlich neben der Liquida *l* das dem arab. قَمَل, قَمَّل entsprechende targ. und syr. קלמתא „Laus" gegenüber dem targ. כלמתא, hebr. כִּנָּם = mišn. כנימה (ob im assyr. *kalmatu k* oder *g* vorliegt, wird schwerlich auszumachen sein); vgl. Nominalbidung S. 24 Anm. 4. — Bei benachbartem *r* dürfte בַּר הַגָּמָל „Sattel des Kamels" Gen. 31,34 (mišn. כרים Matratzen) zu قَرّ „Sattel d. Kamels" Imrlq. 20, 42; 65, 6; Hud̲. 273, 12 zu stellen sein. Die Bildung dieses Stammes entspricht ihm eher, als die von كُور Mfḍḍl. 10, 9; 20, 18, Ham. 153, 1 und von مَكْوَر, welche Ges. lex. vergleicht. — Bei einem dem Babylonischen entnommenen Fremdwort, wie aram. אסקופתא (mand. עסקפ) „Schwelle", kann es weniger auffallen, dass das syr. ܐܣܩܘܦܬܐ ܟ bietet[1]), zumal da im Babyl., wie seine Schrift ausweist, die k-Laute starken Schwankungen unterlagen.

Dentale.

§ 16. ת — ט. Im Arab. erscheint nicht selten die Tenuis ת an Stelle des emphatischen ט anderer Idiome, wenn eine Liquida benachbart ist. Man darf nicht ohne Weiteres für alle diese Fälle annehmen, dass die Liquida den emphatischen Dental erst secundär geschwächt habe; denn manche dieser Wurzeln enthalten zugleich ein ק neben dem Dental, durch welches der Letztere umgekehrt erst secundär zu ט gesteigert sein kann. Ein Urtheil über die ursprüngliche Gestalt der meisten dieser Wurzeln wage ich

---

[1]) Nöldeke, mand. Gr. S. 40, N. 1.

daher nicht. Wir stellen diejenigen, die ausser der Liquida auch
das ק enthalten, voran:

Arab. und aeth. قَتَلَ „tödten" == hbr., aram. קְטַל; — قَتِين
„dünn, schwach" = hb קָטָן, syr. ܩܰܠܺܝܠ, aeth. *qalîn*, wo das
Arab. mit seinem ת alleinsteht und das ט die Präsumption der Ursprünglichkeit für sich hat. — قَلْت „Reservoir" Ḥuḍ. 113, 20 vom
Stamm קלט „in sich fassen", zu welchem hb. מִקְלָט gehört, und
das im Trg., im mišn. und talm. Hebräisch auch als Verb „in
sich aufnehmen" nicht selten ist (s. Levy NhW IV, 308 - 9). —
قُتَال „Rauch, Dampf" Lebid 56, 2, Ham. 677, 3 == hb. קִיטוֹר, jer.
Targg. קוֹטְרָא [1]). — Neben ק ohne Liquida im Stamm: قَتَام „Staub" ==
aram. קִיטְמָא „Asche"; hier mag das ת ursprünglicher sein. —
Nur neben Liquidis: أَفْلَت „entrann" = hb. und syr. פלט. —
So gehört auch hb. טֶרֶף „Speise", הַטְרִיף „gewährte Nahrung" zu
تُرْفَة „feine Speise", أَتْرَفَ „gewährte Lebensgüter" Qor. 23, 34 u. ö.,
مُتْرَف „wohlversorgt mit Gütern" (Qor., Hansâ 59, 4) [2]). — Das
hb. טֹרַד bedeutet „Belästigung, Mühe" Dt. 1, 12; Jes. 1, 14. Sehr
häufig ist im jüd.-Aram. טרח ב „sich bemühen, sich Arbeit
und Anstrengung um etw. machen", z. B. b. Tlm. Keth. 2a, 10a;
טְרִיחָא לִי מִלְתָא „die Sache ist mir mühevoll, lästig" Ber. 7b,
Sabb. 45a; מַטְרַח צִיבּוּרָא „die Gemeinde belästigen" Meg. 22b
(s. Kohut, Pl. 'Arûkh IV, 77). Es geht nicht an, diese Bedeutungen
von dem ar. طَرَح „werfen" ableiten zu wollen (Ges. lex.), mit dem
sie keine Berührung haben. Dagegen passt gut das ar. تَرِح „Un-

---

[1]) Davon scheint zu trennen hb. קְטֹרֶת (auch Targg.) „Weihrauch", da
dieses im Unterschied von dem obigen im. Arab ت hat: قُطْر. Es wird geradezu zu قَتَال im Gegensatz gestellt Ṭar. 5, 47, Lebid 56, 2. Eines
Stammes können sie nur dann sein, falls قُطْر im Arab. Fremdwort, etwa aus
der Sprache der südlichen Weihrauchländer, wäre, wo die Wurzel ט gehabt
haben müsste, während قَتَال die einheimische centralarabische Gestalt der
Wurzel darstellte.

[2]) Dagegen ist hb. טרף „zerreissen" = ar. طَرَف „schlagen". Ein drittes
טרף, mišn. נִטְרַף „geistig verwirrt sein" s. S. 27.

lust, Sorge", das häufig den Gegensatz zu فَرَح „Freude" bildet (z. B.

Mas. VII 274, 5; 275, 1); عَيْش مُتَرِّح „strait, difficult, distressfull life" (Ln). — Ebenso ist تَلْتَلَ „schüttelte" = hbr. טִלְטֵל Jes. 22, 17, in der Mišna = „bewegte". — In all diesen Fällen steht eine Liquida neben dem t-Laut. — Ausserhalb dieser Combination: شَتَمَ „schmähte" = שָׂטַם „befeindete".

Weit seltener hat das Arab. ein ﻁ gegenüber nordsemit ח.

So neben dem emphatischen ק in تَمَطَّقَ „fand (eine Speise) wohlschmeckend, schnalzte im Wohlgefühl mit d. Zunge" Ham. 650,5, übereinstimmend mit aeth. መጥቀ „süss" gegenüber hbr. מָתֹק, syr. ܡܰܠܳܬ „saugen". — Ferner wohl auch خَطَر „stolz einherschreiten", خَطِيم „hoch, vornehm" = syr. ܡܰܠܺܝ̈ܳܐ „stolz"; أَصْلَبَ „stolz thun".

Wie es scheint hat auch das Hebr. den Stamm, und zwar in der arab. Form mit ﻁ, Spr. 14, 3: „Im Munde des Frevlers ist חֹטֶר נַאֲוָה = „stolzer Dünkel"[1]) (die Verbindung wie in רָעֵת רָעַתְכֶם Hoš. 10, 15).

Vom Hebr. zum Aram. liegt dies Verhältniss vor in תָּפֵל „Tünche"[2]) = aram. טְפִילָא Trg. Jer. 43, 11, Miš. Kel. 5, 7, Talm. auch טַפְלָא M. qaṭ. 9b u. ö.; טְפַל „betünchen, bestreichen" öfter in d. Miš. (Levy NhW II, 180). Das arab. طَفَلَ hat in seinem Stamm keine Bedeutungsverwandte neben sich und ist wohl Lehnwort aus dem Aram.

Im Aeth. ነፍሐ „blasen" gegenüber hb. תקע wird wieder das ק den Dental verstärkt haben wie oben in metûq.

§ 17. ﺭ und ﻁ wechseln einige Male in Stämmen, wo eine Liquida benachbart ist; diese Letztere wird in den meisten Fällen die Erweichung des ﻁ in die Media bewirkt haben. Auf die Parallelen von لطس, לטש Gen. 4, 22 u. s. w. „stossen, schlagen" und

---

[1]) „Stab" (LXX), „Stachel" ܥܘܩܣܐ (Pesch.), gibt in diesem Zusammenhang keinen Sinn.

[2]) Zu trennen von תִּפְלָה, תָּפֵל „Eitles, Schlechtigkeit".

— 38 —

ar. نَدَس (dass.), ferner von لَطَم „ins Gesicht schlagen" und لَدَم (dass.) hat Fränkel, Ar. Fremdw. 66 hingewiesen. — So entsprechen sich auch das bekannte ar. خَلَد „dauerd, ewig sein", خُلْد, خُلُون „dauernder, ewiger Zustand" und das aram. חלוטין „dauernder Zustand"[1]); z. B. im Targ. Lev. 25, 23. 30 „das Land soll nicht verkauft werden לחלוטין (= hb. לצמיתות) „für immer dauernd"[2]); מצורע מוחלט Miš. Meg. 1, 7 „ein definitiv, endgiltig Unreiner"; חלוט „definitiv verfallen" von c. Kaufstück (b. Tlm. 'Erkh. 31 b; s. Kohut, a. a. O., Levy, NhW II 56—7)[3]).

Umgekehrt ist einige Male, anscheinend durch die Nachbarschaft eines ק, das ר zu ט gesteigert worden. So im نَقَب „punctiren" vgl. m. aram. u. mišn. נקר (Levy, NhW. III 433), aus welchem nach Fränkel 195 das arabische Wort erst übernommen sein wird. — Ebenso verhält sich aram. und mišn. סרק, ܨܡܥ „spalten" סרקא „Spalt" zu aeth. ሠጠፈ „spaltete", — sowie aram. ܨܘܦ „schauen" zu aeth. ማዐፈ, Beide schon von Dillmann verglichen. — Demnach nehme ich keinen Anstand, das syr. ܨܡ „es genügt", ܟܡ, ܟܡ ܨܡ u. s. w. PSm, 1677, zu dem gleichbedeutenden ar. قَبْ in قَبْلَك, قَنَنِي „es genügt mir, Dir" zu stellen; (s S. 35)[4]), wo im Arab. wieder das ק ein emphatisches ט bewirkt hat; sogar das so häufige ar. فَقَط „genug damit" ist genau durch Phrasen wie ܘܣܡ ܐܠܘ ܚܠܣܡܘ „damit ist's genug" Aphr. 101, 6 v. u. vertreten. — Mit dem syr. ܨܡ „genügend" hat schon Schaaf bei Cast. 399 das mišn. כדאי „genügend, hinreichend" verglichen; s. schon Esth. 1, 18 וְכַדַי בִּזָּיוֹן וָקָצֶף. Sehr häufig ist es im nachbibl. Hebräisch; z. B. כדאי הוא ... לסמוך עליו „er ist hinreichend, zuverlässig genug, um sich auf ihn zu verlassen" Nidd. 9 b u. ö.,

[1]) Ich sehe nachträglich, dass schon Kohut, Pl. 'Ar. III, 400 Beide verglichen hat.

[2]) Levy TW hat irrthümlich „anheimfallen" als Bedeutung des aram. Stamms angegeben; vgl. dagegen מצורע מוחלט u. A.

[3]) Dagegen ist das syr. ܣܟܠ „mischen", jüd.-aram. „e. Teig einrühren" auch im Arab خَلَط „mischen".

[4]) Das Verhältniss von כ zu ק wie in ܨܡ „jetzt" = قَد, لَقَد; s. a. a. O.

אין אני כדיי ש „ich bin nicht hinreichend, würdig genug, dass . . ."
B. bath. 165b; selbst der Plur. אין אנו בדראים ist Mekh. P. Jith.
Ende פ״א belegt; s. weiter Kohut, Pl. 'Ar. III, 38—39 Ende. Im
stat. constr. kommt כְּדֵי „nach Genüge, nach Massgabe" schon
biblisch vor, z. B. „man schlage ihn כְּדֵי רִשְׁעָתוֹ das Genügende
für seinen Frevel" Dt. 25, 2; „er besitzt כְּדֵי גְאֻלָּתוֹ das Genügende
f. s. Auslösung" Lev. 25, 26; s. auch Ri. 6, 5. Im Nachbibl. ist
dieser Gebrauch ungemein häufig. Z. B. מישום בדי חייו „wegen (des
Erwerbs) seines Lebensbedarfs" Sebch. 45a. Vgl. viele Fälle
z. B. in Mis. Šabb 8, 1 — 7. Es ist klar, dass dieses כְּדֵי in seinem
Gebrauch als stat. cstr. zu dem obigen gleichbedeutenden stat. absol.

כְּדַי gehört und da dieses von قَمٌ = جَبٌ nicht zu trennen ist, so ist
sein כ radicalen Ursprungs. Nun hat das Hebr. merkwürdiger
Weise daneben ein synonymes דַי „Genüge" Mal. 3, 10, mit Suffixen
דַיָּם, דַיְךָ, welches in der Mišna und Talm. häufig ist, vgl. דיי „genug für mich" Ber. 24b, דיינו „genug für uns" Ber. 16a, דיין שעתן
„ihre Stunde ist ausreichend" Miš. 'Edij. 1, 1, Nidd. 1, 1 u. A. m.
Dieses דַי, constr. דֵי welches jeder etymologischen Erklärung trotzt
und in keinem anderen Idiom ein Analogon hat, kann von dem
obigen כְּדַי, כְּדֵי, mit dem es gleichbedeutend ist, doch kaum getrennt werden. Da nun in dem letzteren das כ radical ist, wie in
dem syr. قَمٌ und ar. جَبٌ so ist es mir sehr wahrscheinlich, dass das
etymologisch einsame דֵי, דַי eine Rückbildung aus כְּדָי, כְּדֵי ist,
dessen כ die Sprache für die bekannte Präposition hielt. Von
jenem verkürzten דַי aus wurden dann weiter Zusammensetzungen wie
מְדֵי, כְּדֵי nach vermeintlicher Analogie von כְּדֵי gebildet.

§ 18. Von Entsprechungen von ד und n ist auf diejenige
des hb. נתן, syr. ܢܬܠ und des assyr.-babyl. Stamms nadânu mit
dem Subst. nudunnu „Mitgift", aus welchem sowohl נְדָנִים Ez. 16, 33,
als das talm. נ־וניא wieder hervorgegangen sein werden, schon
von Frd. Delitzsch, Proleg. 13d hingewiesen worden. — Das hb.
שְׁתִי „Aufzug des Gewebes" == aram., auch syr., שׁתיא mit dem
Verbum אשתי, שׁתי = أَسْتَى „den Aufzug herrichten" ist im Arab.
sowohl ebenfalls mit n vertreten in أَسْتَى, اِسْتَى, سَتَى (belegt von Ġ),

als auch, und zwar häufiger, mit ר; so z. B. أَسْلَى, أَسْلَى „Aufzug" Huḏ. 1, 6 mit dem Verb سَلَى Huḏ. 250, 25, أَسْلَى Huḏ. 2, 8.
Ursprünglich dialektische Scheidung? — So möchte ich auch das
aeth. ጽድቅ „eitel, nichtig" zu talm. כרי und ב־כרי „eitel, umsonst"
stellen; מילי דכרי „nichtige Worte" Sanh. 29b (auch Bekh. 8b nach
'Ar., Raši) = aeth. nagara kantû Hi, 6, 6 = ῥήματα κενά. „Es
wirft Keiner sein Geld weg ב־כרי umsonst, zwecklos" Keth. 36b,
B. meṣ. 103b (s. Kohût IV, 197) entspricht im Gebrauch völlig
dem aeth. Wort.

Liquidae (*L. N. R.*)

§ 19. **נ—ל.** — Gelegentliche Uebergänge von ל und נ in
einander sind mehrfach nachgewiesen. So entspricht bekanntlich
das hb. כָּלָה, aram. כַּלְחָא dem ar. كَنَّ [1]. — Ebenso ist schon von
Praetorius das hb. צֶלְחָה, aram. צלוחיתא, كَمُل „Schüssel, Schale",
aeth. ሕጽል zum ar. صَحَن „Schüssel", Amh. ሕጽ (aus ṣenḥá) gestellt worden (Amh. Gr. S. 94—5). — Hierher gehört auch das
Verhältniss des hb. כֵּנָם, mischn. כנימה „Ungeziefer" zu aram. כלמהא,
ar. qaml, aeth. quemâl, das schon oben § 15 und Nominalbildung
S. 24 N. 4 besprochen ist.

In den zwei letztgenannten Fällen geht neben dem Wandel
der Liquidae zugleich eine Metathese zweier Radicale her. Dasselbe ist nun auch der Fall bei aram. נגד, نَجَ „schlagen, geisseln",
das zum ar. جَلَد „geisseln" (z. B. Ja'qb. II, 452, 1) zu stellen
ist. — Das hb. גַּבֵּן „höckerig" vergleicht sich mit ar. جَبَلَة „Höcker"
Lebîd 59, 1 (gegen das schol.). — Das aram. und späthebr.
מָמוֹן „Geld" hat noch keine befriedigende Etymologie gefunden [2].

---

[1] Möglich, dass die nordsemitische Form der Wurzel auch im Arab.
in كَلَالَة „Verwandte, Sippe" Ham. 531, 2 erhalten, also im Arab. Spaltung
eingetreten wäre.

[2] Weder aus מטמון (Ges. thes. 552), noch aus aram. מעמון מעמון (עמן =
ضمن, Lagarde, Uebersicht 185) kann es erklärt werden, schon weil der Ausfall der ersten Radicale gegen die Lautgesetze verstossen würde.

— 41 —

Ist es zu gewagt, es vermuthungsweise mit مَال „Vermögen" zu verbinden: מָ־מוֹן = مَال + مَهٔ؟ [1]).

§ 20. ל und ר wechseln zunächst mehrfach neben Sibilanten. Es sei nur an das schon bekannte Verhältniss von חֲלָצַיִם „Hüften" = mand. האלצא zu targ. חרצין, syr. سَرْ [2]) (mit Assimilation) erinnert. — Dem hb. und aram. שלח „schicken = assyr. šalû (Delitzsch, Prolegg. 34. 182) entspricht kein arabischer Stamm mit ל, wohl aber ein سرح und سرح „er sandte weg" z. B. einen Boten, Vieh auf die Weide (G u. And., Qor. 16, 6). Selbst den specifischen Gebrauch vom Wegschicken der Frau durch Scheidung theilt das Hebr. mit dem Arab., vgl. z. B. Jer. 3, 1 וְשִׁלַּח אִישׁ אֶת אִשְׁתּוֹ mit dem arab. سَرَاح „dimissio uxoris" und أَسَرِّحَكُنَّ Qor. 33, 28 [3]).

Das einsame hbr. צָרַעַת „Aussatz" schliesst sich so an das aeth. ጸዐ „Aussatz" an. — Das hebr. צרם „das Ohrläppchen abkneipen" Mis. B. qam. 8, 6, Talm. Bekh. 34 a, B. qam. 98 a u. ö. trifft in der Bedeutung mit صَلَم „verstümmelte das Ohr" so genau zusammen, dass es mit ihm auch zu identificiren ist, während صرم nur „trennen, abschneiden" im Allgemeinen bedeutet. — Hbr. צְלָצַל, wohl eine Heuschreckenart Dt. 28, 42, wird mit جُنْدُب übersetzt, das ihm gewiss etymologisch entspricht.

Nicht neben Sibilanten findet sich dieser Wechsel in פרח „sich ausbreiten" vom Aussatz, zu welchem das gleichbedeutende aeth. ፈልሐ Ex. 9, 9, Lev. 13, 12 zu stellen ist. Der Stamm bedeutet im Aeth. sonst noch „sich erhitzen, erglühen".

Das hb. חַבּוּרָה „Wunde" ermangelt jeder Etymologie im Hebr. und den andern Dialecten; der Versuch, es mit حِبَر „gestreifte

---

[1]) Selbstverständlich könnte dann مَال nicht aus ل + مَ entstanden sein.

[2]) Nöldeke, mand. Gr. S. 54.

[3]) Demnach kann سِلاح „Waffe" = שֶׁלַח nicht zu diesem Stamm gehören und als „missile" gedeutet werden. Das wäre auch an sich schon sehr unwahrscheinlich, weil es ganz allgemein ist und auch Schwert, Bogen und Keule bezeichnet.

Kleider" zu verbinden und als „Strieme" zu deuten (Ges. lex.) hat
wenig Einleuchtendes. Das Targ. hat nun in entsprechender Bedeutung חבל „verwunden" Lev. 19, 28; 21, 5 mit dem Nomen חיבול
„Verwundung" (das.), und auch in der Mišna kommt, gewiss vom
Aram. her, der Stamm nicht selten vor (z. B. B. qam. 8, 1. 3. 4,
Schebu. 7, 1. 3 u. s.); das hbr. חבורה ist daneben sowohl im Targ.
als Mišna. vertreten, ja es ist in der Miš die einzige Form des zu
הבל gehörigen Nomens. Ich vermuthe daher, dass das aram. חבל
und das hbr. חבר dieselbe Wurzel für „verwunden" darstellen, dass
das aram. ל dem hebr. ר entspricht. Da im bibl. Hebr. das Verb
nicht vorkam, so gebraucht die Miš. das aram. Verbum, während
sie als Nomen das biblisch vorkommende חבורה übernahm. Die
aram. Form mit ל ist die ursprünglichere; denn auch das Arab.
stimmt mit ihr zusammen: خَبَلَ يَدَ كَ؛فُلَانٍ „er verletzte die Hand
von X", خَبَلَ „Verstümmelunng von Händen und Füssen" u.s.w.[1])

Hb. גְּרֵם „nagte ab" (Knochen), auch aram. (Targ. zu Ps.
27, 2) ist = جَلَمَ الْجَزُورِ „he took the flesh, that was on the
bones of the slaughtered camel (Ln nach G), während جَرَمَ „abschneiden" (Wolle vom Schaf, Datteln) bedeutet.

Das ar. اِبِل „Kamele" bin ich geneigt zum hbr. אַבִּיר zu
stellen, welches „starkes, mächtiges Thier" bezeichnet, sowohl
mächtige Stiere (öfter), als Rosse (mehrfach bei Jerem.), dann
auf Menschen übertragen „Oberster (der Hirten)" 1 Sm. 21, 8,
„Machthaber" (אביר יעקב) u. A.), אַבִּירֵי לֵב „Männer starken,
trotzigen Muths". Das hebr. Wort hat also offenbar die Bedeutung
„Starkes, Mächtiges" und dient dann ohne Weiteres als Bezeichnung
gewisser starker, mächtiger Thiere. Dass für den Araber dieses
mächtige Thier zunächst das Kamel ist, ist sehr natürlich. Der

---

[1]) Dagegen das aram. חיבוליא „Zins" = syr. ܚܘ̄ܒ̈ܐ „Schuld, Verpflichtung, Zins" und wohl auch das hb. חֲבֹל „Pfand" eigtl. „Verpflichtung" gehört zu أَخْبَل „darleihen", اِسْتَخْبَل „borgen", s. Beide Zoh. 14, 34. — Ein
wieder anderes חבל in חֻבְּלָה רוּחִי Hi. 17, 1 „mein Geist ist verwirrt" entspricht dem ar. خَبَلَ „verdrehte den Verstand" Hansâ 59, 2, Lebîd Hub. n.
40, 1, Kâmil 416, 11 u. s.

Stamm lautet nun zwar im Arab. mit *l*. Aber auch im Assyr. findet sich dieselbe Form des Nomens *ibili* von grossen Thieren, die etwas wie das hebr. אַבִּיר „Stiere" oder dgl. bezeichnen müssen. Sanherib erzählt im Tayl.-Cyl. VI, 51f., er habe beim Aufbau eines neuen Palastes Räume (Ställe) hergerichtet *ana paqâdi murnizki pari agalli i-bi-li* „zur Aufnahme von Rossen, Maulthieren, Rindern (Kälbern?) und *ibili*. Dass in Assyrien mit Letzterem nicht von Kamelen die Rede sein kann, ist selbstverständlich. Wohl aber passt eine der Thierbedeutungen des hbr. אבירים, etwa „Stiere", hierhin, und es dürfte durch die Identität eines Worts von dieser Bedeutung mit dem arab. إبل auch diejenige des letzteren mit dem hbr. אָבִיר wahrscheinlich werden.

Hb. חיל „beben, sich ängstigen", zu welchem Delitzsch das assyr. *ḫâlu, iḫîlu* „beben, zittern" gestellt hat (Proleg. 191), wird zum ar. خَار, يَخَار „bestürzt sein" (auch „zittern" von der Thräne Ham. 549, 1, Mas. VII, 387, 6) gehören[1]). — Hb. שָׁמַר „schützen, hüten" ist schon Nominalbildung S. 175—6 zu ثمل „schützen", ثَمِل „Schützer, Hort" gestellt worden[2]).

§ 21. ר—נ. Der sporadische Wechsel von נ und ר im Inlaut ist durch bekannte Fälle wie שְׁנַיִם = اثْنَيْن, „zwei"; — זרח „strahlen" = زرخ „gelbroth sein" (Nöldeke ZDMG 40, 728) vgl. mit aram. דנח schon belegt[3]); ebenso durch זֶרֶם „Regen" = aeth.

---

[1]) Zu ass. *ḫ* = خ vgl. S. 3 u. s.

[2]) Prof. Nöldeke machte mich darauf aufmerksam. dass auch ein Stamm سمر „durchwachen" durch سَمَرَة, سَمِيلَة „wachende = durchwachte Nacht" Zoh. bei Nöldeke, delect. 108, Z. 5 bewiesen ist; zu diesem gehört אַשְׁמוּרָה „Nachtwache". Dass dagegen der Stamm, der „hüten, schützen" bedeutet, ein שׁ = ‎‎ = ش hat, beweist שְׁמוּרוֹת עֵינַי = عَيْنِي „Schützer = Wimpern der Augen". Es sind also im Hebr. zwei verschiedene Stämme in שמר zusammengefallen.

[3]) Auch die Identität von בֵּן = ابْن mit aram. בַּר, und von בַּת = ابْنَة, بنت mit aram. בְּרַתָּא ist trotz der aram. Plurale בְּנִין, בְּנָן, בְּנִין wohl nicht anzufechten.

'HᏚᏊ, mit welchem das assyr. *zunnu* „Regen" (= *zunmu* mit regressiver Assimilation) schon von Schrader KAT² 126 u. A. verglichen worden ist[1]). — So verlokend es demnach scheinen könnte, so wird man doch das ar. سَمِج „stinkend" nicht zu misn. סרוח „stinkend" ('Ab. 3, 1; Ter. 3, 1 u. A.), אסרח „stinken machen" J. Targ. Ex. 5, 21, talm. הסריח „stinkend werden" (Ber. 60a, Sanh. 91 b u. o., Kohut VI, 135) stellen dürfen. Denn das Arab. hat neben einander صَنَخَة „Gestank", سَنِخ und زَنِخ „stinkend", die wohl einerlei Ursprungs sind, und deren Sibilant vermuthlich nur durch Einfluss der Liquida wandelbar geworden ist. Nun stimmt mit der ersten dieser drei Formen das hbr. צַחֲנָה „Gestank" Joel 2, 20 = syr. ܨܚܢܘܬܐ zusammen, das gleichfalls ܢ hat; daher kann nicht zu derselben Sippe auch hb. סרח gehören.

Dagegen entsprechen sich das hbr. צְנֻמוֹת „dürre, fruchtlose (Achren)" Gen. 41, 23 nebst talm. פת צנומה „verdorrtes, vertrocknetes Brod" b. Ber. 39a und das ar. الحِنطة ضَمُرَت „der Weizen ist verdorrt und trocken", انضَمَر „verdorrte" von e. Zweig, ضامِر „saftlos, verdorrt" von Zweigen, Halmen, s. Lane [bekanntlich auch „dünn, mager" v. Menschen]. Hier ist noch die Metathese der beiden letzten Radicale hinzugetreten; aber die volle Gleichheit in der Bedeutung weist beide Wurzeln zusammen.

Dem hb. נטש „fahren lassen" entspricht so im Targ. רטש, z. B. Ex. 23, 11, 1 Sm. 17, 28, Jer. 12, 7 u. ö.

Das misn. מרזב „Wasserrinne" (am Dach), talm. מרזבא (s. Levy NhW III, 246—7) scheint mir zum ar. مِذْنَب „Wasserrinne im Boden" 'Alq. 1, 19, Lebîd Hub. n. 47, 27, (auch ذِنَابَة, ذِنَاب) zu gehören[2]). Demnach müsste das aram. Aequivalent ein ר gehabt haben. Im Aram. selbst ist es nicht überliefert; aber die

---

[1]) Vgl. dagegen Delitzsch, Proleg. 73.

[2]) Die Bedeutung „Rinne im Boden" verhält sich zu der einer künstlich hergestellten Rinne wie in تَلْعَة „Rinnsal" vgl. mit תְּעָלָה „Kanal".

arabischen, offenbar entlehnten, Nomina أَرْدَبّ, أَرْدَبَّة[1]) dürften von einem solchen aram. Wort ausgegangen sein. Nun wird im Syr. freilich von Glossatoren ein ܡܪܘܙܒܐ bezeugt (s. Fränkel a. a. O.) = talm. מרוזבא. Allein schon die Nominalform mit erhaltenem ē oder ī der zweiten offenen Silbe bei starkem Stamm ist eine durchaus unaramäische und steht ohne jede Analogie da. Da ferner das ז in den genannten arab. Formen nach der Lautverschiebung nur aram. Ursprungs sein kann, so würde im Aram. dasselbe Nomen sowohl mit ז als mit ד existirt haben, was ausgeschlossen ist. Das syr.-talm. מרוזבא mit seinem fremden Nominalbau ist wahrscheinlich herübergenommen aus einer Sprache, die nach der Lautverschiebung ד hatte, hier wohl aus dem Assyrisch-Babyl., der classischen Heimath des Kanalbaus. Das assyr. Original ist mir freilich nicht bekannt.

§ 22. Anhangsweise möchte ich noch einige Uebergänge von ד in ל berühren. Das Vorkommen solcher ist gesichert durch aeth. ፆጋ፦ = hb. נֵכֶד „Geschlecht" gegenüber ar. نَجَل (schon von Dillm. lex. 695 verglichen), sowie durch aeth. ዐፆጋ „gegen . . hin" = hb. נֶגֶד (Dillm. 685). Im ersten Fall hat das Aeth. das d gegenüber ar. l, im zweiten das l gegenüber hb. d. Beide Male ist ein g benachbart.— Dasselbe Verhältniss vermuthe ich auch zwischen aeth. አድጊ „Esel" und ar. عَلج „Wildesel" (G, JHiš. 804, 8 u. s.), zu dem jenes gehören wird.

Vor dem Lippennasal m ist der gleiche Wechsel in dem Fremdwort اقليميا = καδμεία, im Persischen bei der Aufnahme von ἀδάμας ܐܕܡܘܣ als أَلْمَاس belegt[2]). In gleicher Position ist nun auch bei einem semitischen Stamm dieser Uebergang erfolgt in נֶעְלַם „entzogen sein", הִתְעַלֵּם „sich entziehen", das zu ar. عَلَم „fehlen, entgehen" gehört; das ar. ما يَعْدَمُنِى هذا الامر „diese Sache entgeht mir nicht" entspricht ganz dem hb. הִתְעַלֵּם von Personen.

— Sollte nicht auch die aeth. Präposition ኀበ „bei" zum ar. لَبَى in der

---

[1]) Vgl. Fränkel, Aram. Fremdw. 24, dessen Beurtheilung dieser Wörter ich aber nicht theile.

[2]) Nöldeke, Persische Studien II, 44. — Vgl. S. Fränkel ZA III, 56.

uralten Phrase لَبَّيْكَ („bei, zu Dir" =) „Dir zu Diensten, zu Befehl"[1]) zu stellen sein, wobei wieder ein Labial im Spiel ist?

Zischlaute.

Bei den Sibilanten kommen durch Einwirkung benachbarter Laute mannigfache Kreuzungen des normalen Lautwandels vor. Von diesen hat die in § 23 zu besprechende bisher m. W. keine Beachtung gefunden, während die in § 24 ff behandelten bisher schon an anderen Erscheinungen belegt sind.

§ 23. שׁ = ش. — Die regelmässige Lautverschiebung:

Hebr. und aram. שׁ = arab. س = aeth. ሰ = assyr. š

ist bekannt. Indessen ist sie nicht so ausnahmslos durchgreifend, wie man gewöhnlich annimmt; vielmehr erscheint in der Nachbarschaft von Gaumen- und von Hauchlauten gewiss durch Einwirkung derselben in einer Reihe von Fällen hebr. (-aram.[2])) שׁ = arab. ش, so dass das gewöhnliche Verhältniss gekreuzt wird.

A) *Bei Gaumenlauten.* Das hebr. תְּשׁוּקָה „Begierde, Sehnen" (3 Mal), überall in geschlechtlichem Sinn, entspricht dem bekannten ar. شَوْق „Sehnen" und seinem Stamm, der in genau derselben Bedeutung gebraucht wird[3]).— Ebenso ist شَقَف „schleuderte Pfeile" u. dgl. Belâd. 189, 8 v. u., Tab. II, 337, 8, JAth. IV, 56, 15, wovon رِشْقَف „geworfene Pfeile" Lebîd Hub. no. 39, 71 = syr. ܐܙܠܦ܂ "jaculatus est", ܠܡܦ; "jaculatio", Cardahi, Lobâb II, 498; Cast. 878.

Hb. נְשֵׁק „küsste" = syr. ܢܫܩ, assyr. *iššiq* hat schon Lagarde[4]) m. E. mit Recht zu شَقَف „an etw. riechen" gestellt. Die Be-

---

[1]) S. Wellhausen, Skizzen III, 108.

[2]) Die aramäischen Aequivalente fehlen leider öfter.

[3]) Syr. ܢܫܡ ist „athmen", ܢܫܡܬ "Athmung". Wenn daher auch vereinzelt einmal ܢܫܡܬ ܘܢܦܫ "Athem der Seele" für „Begehren" (PSm. 2582) vorkommt, so hat das mit unserem Stamm Nichts zu thun. sondern ist eine Metapher, wie sie auch bei أنْشَف "machte begierig" von نَفَس aus, bei hb. רוח אֹפִינוּ Klgl. 4, 20 u. A. m. erscheint.

[4]) Novae psalt. graeci edit. spec. p. 24 f.

deutung des arab. Stamms ist sonst noch: نَشَقَ الماءَ „er zog das Wasser durch die Nase mit dem Athem ein"; daher مَنْشَقُ Organ hierfür = „Nase"; نَشِقَ „Einer, der so fest an etw. hängt, dass er nicht mehr loslässt". Dass aus der ar. Bedeutung „Einschlürfen des Odems, des Wassers" in den nordsemit. Sprachen der Begriff des „Küssens" hervorgegangen ist, ist analog der Wandlung in dem arab. شَمَّ „riechen", welches im Aeth. als ሰዐመ, ሰዐመ „küssen" bedeutet[1]) (so auch das arab. Wort selbst = „küssen" Ham 253, 1?).

Hb. גֵּרֵשׁ (auch auf dem Mesa-Stein) „vertreiben", das kein nach der Lautverschiebung entsprechendes Aequivalent hat, dürfte zu ar. جَشَرَ gehören „hinausschicken das Vieh auf die Weide, damit es am Abend nicht heimkehre"; auch intrans. جَشَرَ „the man journeyed away" (A bei Ln)[2]); مُجَشَّرُ „dauernd weggetrieben" (d. Vieh); جَشَرَ „weggereist" von d. Familie oder Frau, z. B. zur Herde auf der Trift Achtal 106, 3. — Von der Grundbedeutung „herausgehen" entwickelte sich sowohl im Arab. wie im Hebr. جَشَرَ „olera veris" (بقول الربيع) = נֶּרֶשׁ יְרָחִים Dt. 33, 14 „Früchte der einzelnen Monate"; vgl. لَمَحَ „hervorwachsen" mit יצא. — Daher auch جَشَرَ الصبح „der Morgen brach hervor" JHiš. 49, 6, wie יצא שׁמשׁ השׁמשׁ (auch im Assyr.).

Hierher würde auch أُشْجِيَ „wahnsinnig, von einem Teufel besessen" مُشْجِيَ „im höchsten Grad wahnsinnig" vgl. mit hebr. שֻׁנָּעוֹן, מְשֻׁנָּע gehören, jenes von al-Leîth bei TA, dieses vom

---

[1]) Das lautliche Verhältniss der beiden letzten wie in hb. קדד „Knie beugen" zu syr. ܩܥܕ. Da man syr. ܣܥܘܕܬܐ ܩܥܕ act. mrt. I, 247, 2 sagen konnte, so entspricht auch das ar. قعد „sitzen". Vgl. sonst noch mit נ in der Mitte قَائِم = قَوَّم; ذَأَبَ = ذَبَّ ZDMG 41, 627 Anm. 1.

[2]) Da im Hebr. beim Verb finit. nur Piel vorliegt (wozu als Partcp. גֵּרוּשָׁה), so ist nicht zu entscheiden, ob das Qal einst die transitive oder die intrans. Bedeutung des arab. جَشَرَ gehabt hat.

Qam. überliefert, s. Lane s. v., wenn sie als ursprünglich arabisch anzuerkennen wären. Aber abgesehen davon, dass al-Azharî
das erstere bestreitet, fällt bei beiden gegen ihre Echtheit in's
Gewicht, dass der ganze Stamm ausser diesen beiden Formen keine
entsprechende Bedeutung darbietet [1]).

B) *Neben Gutturalen* ist die übliche Verschiebung unterblieben
in aram. ריחשׁא = syr. نَحْشُا „Reptil, Gewürm“, das = arab.
رَاشِخ „Reptil“ (Qam., TA bei Ln) ist [2]). Zu dem arab. Stamm
vgl. auch رَاشِخ „junges Thier, das von s. Mutter eben erst ans
Gehen gewöhnt wurde“ (s. Ln) ihr gewissermassen nachkriecht, Lebîd
86, 3 (gegen das Schol.); auch vom matt, langsam fliessenden,
gleichsam kriechenden, Bächlein im Gegensatz zum reissenden
Strom Achṭal 60, 2.

Hb. נֶחָשׁ „Schlange“ hat arab. حَنَش neben sich [3]), noch jetzt
ḥanaš „Otter“ im aegypt. Dialect, Spitta S. 90 Z. 4. Dass eins
von Beiden Fremdwort wäre, ist durch die verschiedene Aufeinander-
folge der Radicale ausgeschlossen [4]). — חֲשֵׁשׁ „Heu, trockenes

---

[1]) Beiläufig halte ich auch arab. نَقَش „ausreissen, jäten“ — gegen
Fränkel 194, der es für echt arabisch erklärt — für eine Zwillingsform zu
نكش = miš. נכשׁ und demgemäss für ein Fremdwort wie نكش (das. S. 137).

[2]) Seltsam, dass daneben حَشَرَات (G, Mṣb. u. A.) und als dritte Form
أَحْرَاش (Ln 575 nach Asmâ'î) vorkommt, in keiner von den drei Formen aber
die Gestalt רחשׁ des Stammes, die das Aram. allein hat.

[3]) Auch von Lagarde, Uebersicht 50 M. verglichen.

[4]) Mit diesem hebr. Wort hat das bb. נֶחֵשׁ „etw. erforschen, erkunden“ Gen. 30, 27, 1 K. 20, 33, namentl. auch „etw. durch geheimniss-
volle Mittel, wie Becherbeschauen Gen. 44, 5. 15 oder andere Mittel Lev.
19, 26, Dt. 18, 10 u. s. erkunden“ Nichts zu thun. Denn ihm entspricht ar.
تَنَحَّسْتُ الاخبار (عن الاخبار) „ich ergründete genau die Nachrichten
(offen oder heimlich), forschte nach etw.“; ebenso die X. Conjg. (G). Zu
diesem gehört auch syr. نَحْسا „Wahrsagerei“ نَحَشْ „wahrsagen“. Die
gemeinsemitsche Bedeutung. „erforschen, ergründen“, die im Hebr. mehrfach
noch ohne jede specifische Färbung sich erhalten hat, ist auf das geheimniss-
volle Treiben von Zeichendeutern angewandt worden.

Gras" ist = ar. خَشِيش (Ges. lex.), dessen Stamm im Arab. gut
fundirt ist: „trocken, saftlos sein" von der Hand, Pflanze, „ver-
trocknen" von dem zu lange ausgetragenen Embryo. — Das neben
וַלְדוּת stehende שַׁחֲרוּת „Jugend" Qoh. 11, 10 stellt sich zu ar.
شَارِخ „Jüngling"; شَرْخ „Jünglinge" Kâmil 496, 17; شَرْخُ الشَّبَبِ
„frühe Zeit der Jugend" 'Alqama 2, 10, Kâmil 497, 1, Mas'ûdî
VII, 169, 2.

So findet auch hebr. שַׁלְהֶבֶת „Flamme" (Hiob, Ez., HL) =
syr. ܫܰܠܗܶܒܝܬܐ, ܫܰܠܗܶܒܝܬܐ (auch im Targ. in versch. Formen) seine
Erklärung durch das ar. شِهَب „Flamme". Die übliche Ableitung
aus einem Šaphel des Stamms להב scheitert an dem doppelten Um-
stand, dass das Hebr. eine solche Conjugation nicht hat, und dass
es äusserst unwahrscheinlich und gegen alle Analogie wäre, dass die
Bezeichnung eines elementaren, primitiven Dings wie die Flamme
durch das Derivat des abgeleiteten causativen Stamms erfolge sei.
Andererseits spricht die blose Nebeneinanderstellung von שַׁלְהֶבֶת
und شِهَاب mit ihrer völlig gleichen Bedeutung für ihre ursprüngliche
Identität[1]. — Hingegen darf ישׂח „ein Messer wetzen" (öfter in
der Miš.) = شَحَذ nicht hierhergezogen werden; denn das שׂ wurde
hier im Hebr. durch Dissimilation wegen des folgenden ז gehalten
wie in שׁור = شَزَر u. A.

C) Da in einer Reihe von Fällen bei gleichmässigen lautlichen
Einwirkungen die normale Verschiebung aufgehoben ist, wird man
dies auch da anerkennen müssen, wo vorerst die Ursache der

---

[1] Die Einschaltung der Liquida zwischen den Zischlaut und Guttural
ist wie im targ. צלהב „brennen" vgl. mit صَبِيب „Siedehitze". Das hbr.
צָהֹב „goldgelb" wird im Trg. J. Lev. 13, 20. 32 geradezu mit מְצַלְהַב übersetzt. — Hebr. שְׁלָאנֶן neben שַׁאֲנָן; שַׂרְעַפִּים „Gedanken" 2 Mal neben
שְׂעִיפִּים; — syr. ܣܰܪܥܝܬܐ „Zweige" Kal. w. D. 57, 15, Book of the bee 5 M.,
wozu auch סַרְעַפִּית Ez. 31, 15 gehört, gegenüber dem gewöhnlichen סָעִיף,
סְעַפָּה. — Vgl. sonst Fälle wie خَرَجَ „nackt" vgl. m. عَدَل; ܡܰܕܠܥܐ =
חמט u. A.

4

Kreuzung noch nicht klar ist, in hbr. שָׁבִיב (st. cstr.) „Flamme"
Hi. 18, 5, vielleicht einem Aramaismus, = שְׁבִיבִין „Funken" Dan.
3, 22; 7, 9, auch syrisch, welchem im Arab. kein سَب, wohl aber
شَب „entzündet sein", auch „entzünden" entspricht (schon Ges. lex.).
Dies Letztere ist ein gut altarabischer Stamm; vgl. Imrlq. 52, 20,
Huḍ. 227, 4, Agh. ed. Koseg. 100, Z. 8 v. u.; شَبُوب „Zündstoff"
(Ġ, Qam.)

Wie hier eine ב benachbart ist, so auch in נְמַךְ, jüd.-aram.
נִישְׁבָא „Netz", das dem ar. نَشَب „haften", اَنْشَب „im Netze
finden" gegenübersteht. Hier hat schon Fränkel, Aram. Fremdw.
zweifelnd eine Ausnahme von der Lautverschiebungsregel angenommen. — Unter denselben lautlichen Verhältnissen tritt im Syr.
ܟܒܫܐ „Bock" gegenüber ar. كَبْش = hb. כָּבֶשׂ auf. Doch vermuthet Nöldeke (bei Fränkel 109) wegen der Seltenheit des syr.
Worts, dass es Fremdwort aus dem Arab. sei.

§ 24. ן—ם. Ein ן erscheint mehrfach secundär als Erweichung
aus ursprünglichem ם, ar. س, aeth. ለ durch den Einfluss einer
Media oder eines n. So durch die benachbarte Media b im Aeth.
in ሐነመ „schlug" gegenüber dem hb. שָׁמַט, syr. ܚܒܛ, ferner in
ሐነበ „meinte", welches neben ሐሰበ = ar. حسب, hb., syr.
חשׁב hergeht[1]. — Auch in ሀነፈ = hb. שׁנע „im Geist verwirrt sein" wird die Media נ die Erweichung bewirkt haben.

Aehnliche Fälle im Arab. sind die Parallelformen شَاسِب
„dünn, mager" von Thieren Lebîd 139, 1 Châl., Huṭ. 1, 24, und
شَازِب Ṭar. 5, 59, JHiš. 179, 6 (so lies). Bei Huṭ. 1, 24 schwanken
sogar beide Lesarten in der Ueberlieferung. — So steht ferner زَبَن
„trug" (TA) dem hb. סבל, syr. ܣܥܡ gegenüber; s. Nöldeke,

[1] Nicht hierher gehört dagegen aeth. ሕንጽት „fragmentum" መሕነጽ
„Ruine", welches neben ሐነጸ = ثبر = שבר „zerbrechen" steht. Denn
in jenem ersten liegt thatsächlich eine andere Wurzel vor, wie das entsprechende ar. جُزْء „Abschnitt, Stück" z. B. Eisen (Hamad. 53, 11, Mas.
VII, 105, 4) beweist; s. auch Dillmann 1049.

ZDMG 40, 729; auch das Assyr. hat hier *zabâlu*, Delitzsch, Proleg.
62. — Schon oben S. 26 ist زِبِر، زِبُّور (einmal auch زِبْر überliefert),
ein vermuthlich jemenisches Fremdwort im Arabischen, zu dem hbr.-
syr. ספר „schreiben" gestellt worden; die benachbarte Media erklärt
auch hier die Erweichung der Sibilans.

Im Hebr. verhält sich aus gleicher Ursache so בּזה, כּוז „verachten" zum syr. ܒܣܐ; — im Syr. ܫܘܦܐ zum bibl.-aram. חסף
„Thon" [1]) (mit welchem Dillmann 1265 auch das aeth. ሐጽብ verglichen hat), wie denn auch das ז im syr. ܡܰܙܓ „Wein mischen"
und ܡܰܙܓܐ gegenüber dem hb. מֶסֶךְ von dem folgendem ג bedingt ist.

In gleicher Weise erweichend wirkt die Liquida *n* im ar.
نزع = נֽזֹע „aus-, wegreissen", welches Nöldeke zu hb. נסע gestellt
hat, ZDMG 40, 723.— Im Aeth. vertritt das räthselhafte ኆለቈ „er
zählte" vielleicht ebenso ein ursprüngliches ኆነቈ und ist dann mit syr.

ܬܢܐ „erzählte", ar. ثَنَى, hb. שָׁנָה „lehrte" (nachbiblisch oft, s. Kohut,
Pl. 'Ar. VIII, 113) einerlei Ursprungs[2]). — So erklärt sich auch
خَزَن „speicherte auf", مَخْزِن „Magazin" gegenüber dem gewiss
identischen hb. חסן „ansammeln", חֹסֶן „Schatz", aram. חסן „in
Besitz nehmen".

§ 25. צ—ם. Auch das emphatische צ = ض konnte durch
Einfluss von Liquidae in ז = ר abgeschwächt werden. Das ist der
Fall bei hb. נצה „streiten" מַצָּה „Streit" = syr. ܢܨܐ, ܡܨܘܬܐ gegenüber ar. نَزَ „erregte Streit (بين), hetzte auf", mit welchem
ein lautlich verstärktes نزغ wechselt (Qor., Tab. III, 104, 12,
JAth. III, 182, 5 u. ö.).— Ebenso stelle ich das aram. und späthbr.
נֶזֶק „Schaden" הִזִּיק „schädigen" (oft) zum ar. نَقَص; vgl. نَقَصْتُهُ حَقَّهُ
„ich habe ihn in seinem Rechte geschädigt"; .. دخل عليه نقص فى
„er hat Schaden genommen an . ."; نُقْصَان ist s. v. a. נֶזֶק

---

[1]) Ueber ܣܘܦܐ s. § 25 Ende.
[2]) S. Praetorius in Delitzsch-Haupt's BAVS I, 33.

„Schaden, Verlust"[1]). — Das aram. ܒܟܣܠ‎ = צליל (j. Targ.) „rein"
von Wasser, Wein = talm. צליל Šabb. 109a, 139b ist zu dem ar.
ماء زِلَلّ Lebîd 120, 3, JHiš. 148, 8 zu stellen. Wenn die arab.
Lexicographen betreffs der Bedeutung schwanken zwischen „kalt"
oder „süss" oder „klar, rein" (s. Ln), so entscheidet das Aram.
für das Letzgenannte[2]). — So vermuthe ich auch, dass das hb.
אלץ (Pi) „bedrängen" = aram. אלֹ‎ dem ar. أزِل „brachte in Bedrängniss" entspricht; أزِل „eng" Ham. 333, 1 ist = أكْسَى, und
ebenso deckt sich أزِل „Bedrängniss durch Hungersnoth" Imrlq.
46, 11, Zoh. 14, 18, Nöld. del. 49, 15 mit أَزِلْنُا, das neben anderen Bedrängnissen auch Hungersnoth Aphr. 196, 13 u. s. bezeichnet. — Auch der Wechsel von עלץ ,עלס‎‎ und עלז „frohlocken"
erklärt sich durch die Liquida.

Eine gleiche Einwirkung des r liegt wohl vor in وِزْر „trug"
وِزْر „Last", das mit aeth. ዘለ „trug" ዘ ረ „Last" zusammengehören
wird.

Der Einfluss der Media, der sonst hier seltener zu wirken
scheint, dürfte die Abweichung des syr. ܙܹ؟‎ von ar. und aeth.
ܣܕܩ = hb. צדק bewirkt haben. — Bei زَنّ = אֹדֶן „Reisevorrath"
gegenüber hb. צֵידָה hingegen spricht die Uebereinstimmung des Aram.
und Arab. eher für die Ursprünglichkeit des ז, so dass wir für den
Wandel des Zischlauts keine Ursache kennen. S. Fränkel, Fremdw. 1.

Im Aeth., wo ፀ und ጸ ganz gewöhnlich in einander über-
gehen, konnte darum auch das erstere durch Einwirkung einer
Liquida gelegentlich zu ሀ werden, wie im aeth. ፍሕ፥, welches
dem ar. نضح, نضخ „sprengen" und hb. נִצְחָם „ihr Saft (Blut)"
Jes. 63, 3. 6 gegenübersteht[3]).

Bekanntlich kann auch umgekehrt ein ursprüngliches ז durch

---

[1]) Möglich ist auch, dass das ז das ursprüngliche und im Arab. durch
Einwirkung das ק zu ص gesteigert worden ist.

[2]) Arab. ماء صَلَالّ bedeutet im Gegensatz dazu „stinkendes Wasser".

[3]) Ob so auch hb. זֵפ „Gold" und ar. فِضَّة zusammengehören? Vgl.
warq, das im Aeth. „Gold", im Arab. „Silber" bezeichnet.

den Einfluss eines benachbarten ק zu ץ gesteigert werden. Ein solcher Fall ist عِذْق, خِرْمَة „Zweig, Stiel" zu welchem, aeth. ዐጸቅ (Dillmann 1019), mišn. עוּקְמָי „Stiel einer Pflanze" ('Uqṣîn 1, 6; Sanh. 5, 2 u. ö.) gestellt werden muss. — Ebenso entspricht ar. زُقّ „Strasse" dem aeth. ዓፅድ.

Vermuthlich hat im Aram. auch das emphatische ح einige Male diese Wirkung gehabt. So in سيح ظما „Thongefäss" gegenüber den Formen mit ס und ז (s. oben S. 51), sowie in شَمُوخ „hochmüthig, unverschämt sein", das ich geneigt bin zu ar. زخف „sich brüsten, ruhmredig sein" zu stellen. — So wird auch das isolirte syr. زِمَّا „schmähte" دَسِيمَا, „Beschimpfung" dem ar. أخزى „beschimpfte, beschämte" entsprechen.

§ 26. צ—ס. Der Wechsel von ס und צ liegt deutlich vor in aeth. ዸሳ, ar. ضَلَع, ضِلاع „Fels" = hb. סֶלַע (Dillm. 1262). Auch in ar. خَلَس „rauben = syr. سكي, hb. חֲלִיצָה „Beute" ist er unverkennbar. In beiden Fällen kann das l die Abschwächung bewirkt, doch könnte im letzteren auch umgekehrt das ح die Verstärkung des ס zu צ veranlasst haben; hiermit liesse sich dann auch der Wechsel von سِمَخ „Ohrmuschel" 'Aus b. Haǵr 12,19, Ham. 668, 2 und سماخ erklären. — Das aeth. ኦሰፈወ „Hoffnung machen" ist schon von Dillmann 407 als Causativ zu עצב „hoffen" gestellt. — Ob dagegen سَفْح الجبل „Fuss des Berges" (Hamad. 48, 9 u. s.) und سَفْح الجَبَل eine rein lautliche Variante darstellen oder von verschiedenen Seiten her zu derselben Bedeutung gekommen sind, muss ich offen lassen.

§ 27. שׁ — ס. Die zwei einander nahe stehenden Laute ס und שׁ, die für die Etymologie streng zu trennen sind, sind bekanntlich im Arab., Aeth. und Syr. in der Schrift zusammengefallen; hingegen werden sie in der hebr. wie in der altaramäischen Schrift noch unterschieden. Dass vereinzelt einmal auch im Hebr. ס für שׁ auftritt, ist ebenfalls bekannt. Im B. Hiob erscheint stets כעשׂ statt des sonst überall vorkommenden כעם; — סֶבֶךְ bei Jes. (zweimal) wechselt mit שֶׂבֶךְ bei Micha, welches durch شَبَكَ gehalten wird; — מְסָכָה „Geflecht" Mi. 7, 4 steht neben dem öfteren Stamm שֶׂךְ und מְשׂוּכָה die mit شَوْكَ stimmen[1]); — סְטִים kommt neben שֶׂטִים׳ נְסַח vereinzelt neben dem gewöhnlichen נָשָׂא vor; סְתָיו „Winter" vgl. m. شِتَاءٌ HL 2, 11 ist wohl als Aramaismus anzusprechen (vgl. auch das ־ statt ׳)[2]). — Diese kleinen Schwankungen der Schreibung spiegeln eine allmälige Annäherung beider Laute aneinander wider, welche in einzelnen Fällen zur Vertauschung beider führte. Es ist daher nicht verwunderlich, wenn in einigen Wurzeln die beiden Laute durchgehends einer für den anderen eingetreten sind.

So tritt ס statt eines שׂ durchweg auf in dem Stamm חמם „bedrücken, Gewalt anthun", dem nirgends ein ס-Stamm entspricht. Ich stelle es zu aeth. ኃ\uma„Gewalt anthun, Böses zufügen" ሐ\u„bösartig, ungerecht", auch = ἀδικία (s. Dillm. 81). Dessen ሠ ist gesichert durch ar. خَشَمَ „einen mit Worten kränken, beschämt und bestürzt machen", s. die IV. Conj. Mas. VII, 23, 2. Das Hebr. hat zwar gewöhnlich die aeth. Bedeutungsfärbung: „thatsächliche Gewalt" anthun; aber auch die arabische: „Verbalinjurien zufügen" fehlt ihm nicht, vgl. עֵר חָמָס; יִפַח חָמָס; — „der Mund der Frevler bedeckt d. i. schliesst ein חָמָס" Spr. 10, 6. 11.

יְסֹד „Fundament" hat von vornherein die Präsumtion für sich, dem assyr. išdu, dem gewöhnlichen Wort für „Basis, Fundament eines Gebäudes" zu entsprechen und ist mit Recht von Halévy mit diesem identificirt worden[3]). Ist dem aber so, so muss das hebr. Wort ursprünglich ein שׂ = ass. š statt ס gehabt haben

---

[1]) S. Gesenius lex. s. v. ס.

[2]) S. auch Guidi, della sede .. 11.

[3]) Lotz, Tigl. Pil. 186, Delitzsch, hebr. lang. 31, Proleg. 46 wollen zwar išdu mit hbr. אֶשֶׁד, אֲשֵׁדָה verbinden; aber dem widerstreitet schon die Erwägung, dass dieses, wenn es „Fundament, Basis" bedeutete, nicht bei Gebäuden stets vermieden und nur bei Flüssen und Bergen verwendet würde. Die nachweisliche Bedeutung von nordsem. אֶשֶׁד ist „ergiessen", und auf die analoge Wandlung des ar. سَفْح „Berglehne" aus سَفَح „vergiessen" hat schon Ges. lex. (10) hingewiesen. — Dass dasselbe Ideogramm, welches V R 29, 59 b = išdu ist, unmittelbar vorher = a-si-du gesetzt wird, beweist kein

und im Arab. muss ein شْ entsprechen. Dazu stimmt nun vor-
trefflich der arab. Stamm شَيَّدَ, شَادَ „ein Gebäude aufrichten,
aufbauen" A'sâ bei Jâq. IV, 888, 17; JHiš 48, 1; Dinaw. 389, 12
u. s. [1]). Die ursprüngliche Bedeutung „ein Gebäude fundiren" ist
in „es aufrichten, aufbauen" übergegangen, wie dieser Wandel
bei dem entsprechenden hbr. יָסַד ebenfalls reichlich belegbar ist: Ps.
89, 12; 102, 26; 104, 5; Jes. 15, 5; 48, 13; 51, 16; Hi. 38, 4 u. s.

In gleicher Weise, vermuthe ich, hat auch das etymologisch
räthselhafte יָסַר „unterwies, belehrte" (urspr. יסר, s. Niphal), im
Niphal „liess sich belehren", מוּסָר in der Weisheitsliteratur „Unterweisung, guter Rath" (in Proverbien oft parallel mit חכמה und
תוכחת s. auch Jer. 2, 30; 7, 28; 17, 23) sein arab. Aequivalent
an أَشَارَ „gab einen Rath", شُورَى „Rath", sowie مَشُورَة,
das = מוּסָר ist, im Beduinendialekt von Syrien شَوَر „Rath" ZDMG
22, 74 M. Der Fall gleicht dem von יסר == شار sowohl in der
Metathesis des wurzelhaften w aus dem An- in den Inlaut, als auch in
der Vertretung des شْ durch ס neben diesem Spiranten. Im Hebr.
ist die Bedeutung in relativ selteneren Fällen im Piel auch in
„strafend zurechtweisen" (Lev. 26, 28; Ps. 6, 2 u. s.) übergegangen. Die nämliche secundäre Bedeutungsentwicklung findet
sich bei הוכיח Ps. 105, 14, Hi. 33, 19 תוכחת, Hos. 5, 9; Ps. 149, 7,
obgleich dieser Stamm ebenfalls weit überwiegend nur „Belehrung,
Unterweisung ertheilen" bedeutet und dies gewiss auch die ursprüngliche Bedeutug ist. — Sonst entspricht noch so: רסס „sprengen"

---

assyr. *asidu* „Fundament", so lange dies in keiner der zahllosen Bauinschriften
zu belegen ist, um so weniger als dasselbe Ideogramm an der gleichen
Stelle auch für ganz andere Begriffe, z. B. *bamâtu*, *emûqu*, *ašuridu* gesetzt wird.

[1]) Es ist daher zu trennen von شَيَّد „vergipsen, verkalken", dem
Denominativ von شِيد, Tarafa 4, 22; Nâbg. 7, 16, beide Male mit dem Zusatz
بِقَمِ. — Der deutliche Gebrauch aber des andern Stamms شاد „hochauf-
richten, fest begründen" (شَيَّد الأَرْكانَ Dinaw. l. l.), 1001 N. II, 13 M. (Bûl.
1251), شَدَّ نَى مَنْصِبًا Kâmil 249, 17 schliesst eine Denomination von شِيد
„Kalk", an die Fränkel, Fremdw. 8 denken wollte, entschieden aus.

Ez. 46, 14, רסיסים „Tropfen“ HL 5, 2 dem ar. رَشّ „sprengen (Ges.

lex.), رَشَاش „Tropfen“; — עֵץ הֶמָסִים Jes. 64, 1 „dürres Reisig“

dem synonymen ar. عِرْق الْبَشِيمَة Ham. 663, 7; 531, 4 u. ö.; —

סְעִיף (st. cstr.) „Kluft“ dem ar. شُعْبَة[1]).

§ 28.

Ebenso ist aber in vereinzelten Fällen auch שׁ statt
ursprünglichen ס eingetreten. Vgl. z. B. שׂפק „klatschen“ Hi. 27, 23
für das sonstige ספק, welches durch ar. صفق „klatschen“ (ص durch
das q) als ursprünglich erwiesen wird. — Ueber den Stamm ארשׂ
„sich angeloben“, welcher dem ar. عرس gegenübersteht, also ein ס
haben müsste, vgl. oben S. 16.

Dasselbe gilt von dem hbr. עָשָׂה „thun“ = aeth. ቀነመ
„einem anthun, entrichten, geben“, sab. עסי, dessen arab. Aequivalent noch nicht erkannt ist. Es ist سَعَى „thun, handeln“,
ein alter auch im Qoran beliebter Stamm. Vgl. das bekannte لَيْس

لِلْإِنْسَانِ اِلَّا مَا سَعَى Qor. 53, 40 „dem Menschen wird nur das
(heimgezahlt), was er ausgeübt hat“; — سَعْى „Thun, Handeln“
(= عَمَل Baiḍ) Qor. 21, 94; 88, 9; 92, 4; Lebîd Hub. no. 41, 11;
42, 6; Huṭ. 1, 13. 17; Ham. 659, 4; 665, 8; 698, 1; — مَسْعَاة =
מַעֲשֶׂה „Thun“ Ham. 111 unt., 701, 5; Huṭ. 9, 18; JHiš. 421, 2;
529, 12. Auch hier hat also das Hebr. שׂ, wo die Lautverschiebung
ein ס erwarten liesse.

Auch der Stamm שׂדר „aneinanderreihen“, der in שְׂדֵרָה
„Reihe“ 1 K. 6, 9 u. s. vorliegt[2]), hat ursprünglich ein ס besessen,
wie die Uebereinstimmung des Assyr. und Arab. beweist. Das
Assyr., welches den Stamm saḍâru, isḍir „in Reih' und Glied
stellen“ häufig verwendet, schreibt si-iḍ-ru stets mit ס (z. B. Tayl.-
Cyl. II, 77). Im Arab, gehört aber zu ihm سدر „an einander-

---

[1]) Hingegen שַׁעֲפִּים „aufgeregte Gedanken“ Hi. 4, 13; 20, 2 ist wohl
neben شُغِفَ بِشَىء „he became disquieted or disturbed by the thing“
(Ln) zu stellen, z. B. شُغِفَتْ فُؤَادَهَا Imrlq. p. 21, 16 (Slane) u. A. m.

[2]) Nur Hi. 10, 22 סְדָרִים mit ס.

reihen"; z. B. مُتَنَاسِب مُتَسَرِّد „aneinandergereiht", v. Edelsteinen

Nābiġa 7, 25; سِرْد النَّسب „die Reihe des Geschlechtsregisters"

JHiš. 3 oben ist = סדר הדורות; — سِرْد „aufeinanderfolgende Monate" Baiḍ. I, 325, 28.

Ebenso enthält das Vulgär-Arab. ein حَسَّك „etwas zurückhalten, aufbewahren für die Zeit des Bedarfs" Dozy I, 286, Muḥiṭ s. v., Wahrmund I, 511, welches mit dem hb. חָשַׂךְ = syr. ܚܣܟ identisch ist und im Hebr. ein ס erwarten liesse.

Varia.

§ 29. Hierunter tragen wir diejenigen Wörter und Stämme nach, für welche sich im Vorangegangenen keine geeignete Stelle gefunden hat. Bemerkungen über einige Partikeln mögen voranstehen.

אוּלַי „vielleicht" [1]) muss zu dem syr. ܐܠܘ „wenn doch" gestellt werden; nur ist im Hebr. das ו vor das ל getreten. Die Vorsetzung eines א im Hebr. entspricht dem ה im dem jüd.-aram. Aequivalent des syr. lewaj: הלואי (jer. Targg., Midrr.), das also dem hebr. Wort am nächsten kommt. Das א kann im Hebr. nicht zum Schutz des wortbeginnenden ו vorgetreten sein, weil im jüd.-Aram. das ו nicht am Wortbeginn steht und gleichwohl ה vor sich hat. Im Arab. ist vielleicht das لِى in نَيْتَ[2]) „wenn doch" verwandt. — Das hb. לוּ == syr. *ܠܘ in אִלֵּךְ = ar. لَو ist von obigen Wörtern zunächst zu trennen.

In der phön. Inschrift Sid. 3, 4 findet sich zweimal ein räthselhaftes אדל in der Verbindung כאי אדלן כסף אי אדלן חרץ וכל מנם, in welchem man nach dem Zusammenhang die Bedeutung „bei"

---

[1]) Von Gesen. Gram. § 150, lex. s. v. als אַי + לִי (=לִי=לֹא) „oder nicht" sehr unbefriedigend gedeutet. Ewald Lehrb.⁶ S. 805—6 zieht es zu ar. لَعَلْ.

[2]) Die Endung ت dann wie in ثَمَّ, ثَمَّتْ.

suchen muss[1]), während ן Suffix ist. Ich möchte es vermuthungsweise zu dem arab. لَدْ, لَدُنْ, لَدَى „penes, bei" stellen, welches im Phön. neben Metathese der 2 ersten Radicale ein Alif prostheticum vorgesetzt haben würde.

Das Verhältniss des aeth. እምነ und einiger verwandter Partikeln zu den semit. Aequivalenten bedarf einer kurzen Besprechung. Während ein arabisches Alifu'l Waṣli weder im Arab. noch im Hebr. jemals mit einem Hamza = א zusammenfällt[2]), ist es im Aeth. und Aram. mit dem א mehrfach zusammengewachsen; vgl. die aeth. Verbalpräfixe አንተ mit arab. اَنَّا, — አ ז (z. B. in 'angargara) mit dem ar. اِ, — das syr. ܐ mit arab. ܝ.ا. So vertritt nun auch das aeth. እምነ „von" lautlich nicht ein مِن, sondern ein اَمِن; d. h. das Aeth. hat hier allein eine mit Alifu'l Waṣli vermehrte Form. Es wiederholt sich auch hier, dass dieser Vorsatz gerne gerade vor biliteralen Wörtchen mit i-Vocal eintritt[3]). — In den zwei vereinzelten Fällen, wo im Hebr. ein solcher Vorschlag eingetreten ist, ist er beide Male ה, nicht א; vgl. הִנָּקֵל mit הִתְּ־קַטֵּל mit dem Präfix ܝ.ا. Das gibt uns die Möglichkeit auch das räthselhafte häufige miśn. und talm. הֵימֶנּוּ, הֵימֶנָּה „von ihm, ihr", welches das gewöhnliche Miśna-Wort statt des bibl. מֶנָּה ، מִמֶּנּוּ ist, zu erklären; es entspricht jener aeth. Form 'emna mit vorgetretenem Alifu'l Waṣli. — Im jer. Aramäisch erscheint mehrfach הֵימָךְ u. s. w. „von dir" (s. Kohut III, 201) ohne ב am Schlusse. Dieses vergleicht sich dann ebenso mit dem aeth. እም „von".

Das aeth. እምኂ „inde, hierauf" entspricht so dem ar. مُذْ; hier hat auch das Arab. eine Präposition מ „von" ohne schliessendes ן;

---

[1]) Vgl. CJS 3,5 das entsprechende שם בנמנם באי. Daher wollte auch in unserer Sid. 3 J. Dérenbourg ארדל = אצלן setzen (Revue des ét. Juives XV, 112), was freilich sprachlich nicht angeht.

[2]) Diese nothwendige Beschränkung auf die genannten beiden Sprachen vgl. ZDMG 44, 681.

[3]) Vgl. Eingehenderes hierüber in einem demnächst in ZDMG erscheinenden Artikel.

eine dem مُنْذُ entsprechende Form hat das Aeth. nicht gebildet. Aus der rein adverbiellen Bedeutung des aeth. *'emzĕ* erklärt sich auch allein die übliche Construction des arab. مُنْذُ mit folgendem Nominativ; z. B. مُنْذُ يَوْمَانِ eigtl. „seither (sind es) 2 Tage" u s. w. (s. Wright II, § 61).

Dagegen glaube ich nicht, dass das א im aeth. እስመ „denn" ein rein lautlicher Vorschlag ist. Denn sowohl das entsprechende mišn. מִ־שּׁוּם, עַל שׁוּם „wegen", als das assyr. *aš-šum*, *aš-šu* (Delitzsch, ass. Gr. § 82) weisen hier noch besondere Präpositionen vor dem שׁוּם auf, wenn dies Causalpartikel sein soll. Es wird daher auch im Aeth. jene Präpos. እን (= ass. *ina*) vorgesetzt sein, die auch in *'en-za* „indem" vorliegt. Sonst wäre es unbegreiflich, dass das Subst. ስም „Name" ohne Vorschlag, die daraus entstandene Partikel aber mit einem solchen erschiene.

Das Pronominalpräfix *j* der 3. Pers. Jmpf. = „er" hat weder unter den selbständigen noch unter den suffigirten Pronominibus der 3. Person ein lautliches Acquivalent und ist bisher nicht aufgehellt[1]). Seine Vertreter sind indessen in einigen demonstrativen Elementen wiederzufinden, welche nur in Compositionen vorliegen. Das arab. أَيٌّ, أَيَّةٌ „was für einer, eine?" = aeth. አይ = talm. יה „welcher"[2]) = ass. *a-a-u* „qui" *a-ia-um(-ma)* „aliquis"[3]) ist zusammengesetzt aus einem Demonstrativ اِي etwa = „dieser" und der Fragepartikel أَيْ[4]) entsprechend der Zusammensetzung des synonymen syr. ܐܝܢܐ „welcher?" aus *aj+(dĕ)nâ* „wer dieser"? ܐܝܕܐ „welche"? = *aj + dâ* „welche diese"?— Im Syr. entspricht diesem Demonstrativ *j*

---

[1]) Dass man es nicht mit dem Suffix *î, ja* der ersten Person oder dem zweiten Element von هِيَ „sie" mit Philippi in Delitzsch-Haupt's Beiträgen II, 570 Anm. ** verbinden kann, halte ich für selbstverständlich.

[2]) Sehr oft in der Verbindung הֵי מִינַיְיהוּ „welcher von ihnen" (z. B. B. meṣ. 8 b), aber auch alleinstehend, z. B. Šabb. 9 b u. s.

[3]) Delitzsch, Ass. Gr. 7*.

[4]) Z. B. in أَيْنَ, אֵי־כָה, אֵי־פֹה u. s. w. Im Aram. dafür dialectisch יהִ, z. B bibl. הֵיךְ, talm. הֵיאַךְ „wie"?

das *jû* in ܐܘܗܝ „er ist, der.." welches geradezu die Antwort auf das fragende arab. اَيْ bildet. — Im Aeth. liegt es vor in dem demonstrativen *jĕ* von ,የእት „(in) dieser Zeit, jetzt" [1]), der Antwort auf das fragende የእተ „(in) welcher Zeit?" — In örtlicher Anwendung erscheint es in der Frageform אַיֵּה „wo?" das aus אֵי + יֵה „wo.. da" zusammengesetzt ist [2]) und in dem *ja* der Antwortform im Aeth. ֵHP und UP „hier" [3]), Letzteres identisch mit mišn.-talm. הי „hier" (לך הי „hier hast Du" oft, z. B. Miš. B. meṣ. 10, 5). — Endlich wird auch das aeth. עֲֹ „noch jetzt, noch dazu" aus *âd* „noch" und *je* „da, jetzt" (wie in *je-'ezê*) zusammengesetzt sein. Durch diese Fälle ist die Existenz eines demonstrativen *j*. in persönlicher, zeitlicher und örtlicher Anwendung gesichert.

אורות in der Verbindung טַל אורֹת Jes. 26, 19 als eine Art des Tau's, durch welchen die Todten belebt werden sollen [4]), wird mit أَرًى = النَّدَى يَقَع عَلَى الشَّجَر „Feuchtigkeit, Tau, der auf die Bäume fällt", أَرًى الجَنُوب „Regen des Südwinds" Zoh. 1, 4 zusammengehören. Die Verbindung wie גֶּשֶׁם נָשַׁם מָטָר מָטָר und עַזּוּ נֶשֶׁם מָטָרֹת H. 37,6.

אומנות findet sich Miš. B. bath. 9, 4 in einem von dem gewöhnlichen Sprachgebrauch („Handwerk, Kunstfertigkeit") abweichenden Sinn: האחים שנפל אחד מהם לאומנות „Brüder, deren Einer zum Dienst des Königs genommen worden ist". Wir haben hier ein Fremdwort aus dem Assyr.-Babylonischen, wo *ummâni* sowie *ummanâti* (oft) „Truppen, Heer" bedeutet.

Das assyr. *sin-niš* „Weibliches", sehr häufig in der Verbindung *zikru u sin-niš* „Männliches und Weibliches" hat noch keine Etymologie gefunden, und auch die Qualität des *s*, ob *z*, *s* oder *ṣ*, ist an

---

[1]) Das Aeth. setzt das *j*-Demonstrativ voran, im Aram. ist an dasselbe Nomen das Demonstrativ ן hinten angesetzt in אֱדַיִן „alsdann".

[2]) Es entspricht dem ܠ von أَلْ, dem ن von أَيْن, dem זֶה von אֵיפֹה.

[3]) Dies Element in *heja*, *zeja* schon von Philippi, ZDMG 29, 172 erkannt. Das örtliche Demonstrativ *hĕ* von *heja* ist gleich dem *hă*, *he* im ar. هَذِهِ = hbr. הֵנָּה „hier".

[4]) Weder „Tau der Pflanzen" gibt eine passende Begründung des Hauptsatzes, noch ist „Tau der Lichter" passend.

dem betreffenden Silbenzeichen an sich nicht bestimmbar (s. Schrader, KAT² 576). Es ist zu dem aeth. ሀፅንት „sie war schwanger" zu stellen und bedeutet wohl „Kindertragende".

Dem hb. חֵיק „Busen" entspricht im Arab. kein Nomen med. j oder w, sondern خَصْر „Taille, Flanke" und im Aeth. das entsprechende ሐቈ „Lende", aber auch „Busen", Letzteres schon von Dillmann, lex. 98 verglichen. Das K'th. חוּק Ps. 74, 11 steht den südsemit. Formen näher als das allgemein übliche חיק.

חֵפֶץ „Gegenstand, Ding, Sache", (ohne dass der Begriff „Werth", oder „Wohlgefallen" irgendwie damit verbunden wäre) ist in der Miš. nicht selten. Vgl. schon im Qoh. 3, 1; 5, 6; einige andere Stellen der Bibel sind zweifelhaft. Zum Miš.-Gebrauch s. Levy NhW II, 94. Nun ist es zwar nicht ausgeschlossen, dass ein Derivat von חפץ „wollen" (das = حفظ, سمحا ist) zu der abgeblassten Bdtg. „Ding, Sache" gekommen sei, wie عي, von اكي und شىء von شاء. Aber möglich ist es auch, an ar. حَفَش „Geräthschaft" Mu. 'Amr. b. Kulth. 41 die man beim Wegziehen auf das Kamel lädt, zu denken, nach welcher dann auch das Lastkamel selbst genannt werden kann Mfddl. 27, 3, Ru'ba bei G u. d. W.

Das hb. נִכְסַף „sich schämen" Zeph. 2, 1 (daneben Qal und Niph. „sich härmen, sehnen") = aram. כסף „sich schämen" (Targ., Talm.) wird von Ges. lex. [10] nach Fleischer mit كسف „spalten" verbunden. Die entsprechende intransitive Bedeutung findet sich jedoch auch im Arab. in كاسِف الوَجْه „gedrückten Aussehens" G, vgl. Agh. III, 188, 4; dazu noch كاسِف البال „in gedrückten Verhältnissen" Agh. V, 148, 10 v. u., so dass ein gemeinsemit. intransitiver Stamm anzusetzen ist.

Zwei ganz verschiedene Wurzeln sind jetzt im hbr. לאה zusammengewachsen. Neben dem bekannten לאה „müde sein" = لأى, لأى geht ein zweites לאה her, welches bedeutet „nicht vermögen, nicht können" und welches im Arab. als ألا فى الأمر „er war nicht zureichend in e. Sache, konnte sie nicht voll

ausführen" (= قَصَرَ) Qor. 3, 114, Ham. 271, 3, JHiš. 259 M. von
obigem لَيّ „war müde" auch in der Form deutlich verschieden
ist. Dies zweite לאה = עַיּ „nicht im Stande sein" liegt vor, wenn
es in Exod. 7, 18 heisst וְנִלְאוּ מצרים לשתות מים מן היאור, während
beim Eintreffen des Ereignisses וְלֹא יָכְלוּ מצרים לשתות (vs. 21)
steht; ferner Gen. 19, 11 וַיִּלְאוּ למצוא הפתח „sie waren nicht im
Stande.."; — Jer. 6,9 „des Zornes Gottes bin ich voll נִלְאֵיתִי הָכִיל ich
vermag nicht ihn in mir zu fassen"; — 15, 6 „ich vernichtete Dich,
נִלְאֵיתִי הנחם ich vermochte nicht, mich eines Andern zu be-
sinnen". Noch an einigen anderen Stellen: Jes. 1, 14, 47, 13 (נִלְאֵיתִ
Gegensatz zu אוּלַי תּוּכְלִי vs. 12), Spr. 26, 15 liegt diese Wurzel
vor. Die bisherige Fassung aller obigen Stellen als „sich abmühen"
was = „sich vergeblich abmühen" sein soll, trägt den Begriff
„vergeblich" willkürlich in den anderen Stamm hinein und ist an-
gesichts der zweierlei Stämme im Arabischen und der Parallele
Ex. 7, 18. 21 als falsch aufzugeben.

Hb. לבט, nur 3 Mal im Niphal (Prov. 10, 8. 10; Hoš. 4,14)
etwa in der Bedeutung „in's Elend, Verderben fallen" vorkommend,
erklärt sich durch das samarit. לבט. das für hb. עָנָּה „peinigte, quälte"
steht, z. B. Gen. 15, 13; 34, 2; Ex. 1, 11. 12 u. ö., לוּבְטִי „mein
Elend" Gen. 31, 2.

Mit aram. מְעַזֵּי[1]) wird im Targ. das hebr. עִזִּים da übersetzt,
wo es „Ziegenhaare, Ziegenfell" bedeutet. In dem aram. Wort
darf man aber nicht mit Levy TW II, 56 ein mit dem hb. עַז, syr.

ܐܟ݂ܙ = ar. عَنْز verwandtes Wort sehen; es entspricht vielmehr dem
ar. مَاعِز „Ziege" und „Ziegenfell", aeth. ሐጐን „Haut, Fell", dessen
ሐ zufolge dem Aram. und Arab. ursprünglich ein H gewesen sein
muss. Die Bedeutung „(Ziegen)-Fell" (Targ., Aeth., Arab.) ist wohl
ursprünglicher, als die nur im Arab. daneben bestehende: „Ziege".
Das יַ‍ im Aram. ist Afformativ.

Nicht ganz klar steht es um das arab. Aequivalent von מַעַל
„Treulosigkeit", מָעַל „treulos sein". Ganz genau entspricht in der

---

[1]) Die Vocalisation schwankt zwischen מְעַזֵּי und מְעַזִּי (s. auch Levy
a. a. O.); ja auch מָעֲזִין bietet die Ed. Sabbion. zu Ex. 26, 7, Num. 31, 20.

Bdtg. مَغالَة „Betrug" in der Verbdg. مَغالَة وخِيانَة Lebîd 28,3 Ch.,
Kâmil 523, 5. Dieses Nomen wird von den Lexicographen (G,
Zamahs., Asâs s. v., Schol. Lebîd) auf مَغَل „verläumdete, schwärzte
an" zurückgeführt, das also == مَعَل sein müsste. Nun bildet aber
auch غَل „fügte Böses zu" ein N. verbi مَغَلَنَهُ = غَائِلَهُ (G) und in
dem eben erwähnten Vers Kâmil 523, 5 steht es thatsächlich bei
diesem Verb:

ولقد غالنى يزيد وكدنت   فى يزيد خيانة ومغلا

Die genaue Entsprechung des hebr. Stammes, sowie die Auf-
fassung der Lexicographen befürworten einen selbständigen Stamm
مغل „treulos sein" neben غَل, مَغَلَة; dieser Dichter aber loitet gerade das Nomen für „Treulosigkeit" von غَائِل her.

Merkwürdig verhält es sich mit derjenigen hbr. Wurzel, aus
der hb. מַשָׂא „Ausspruch, Verkündigung" (oft), לֹא תִשָׂא „Du sollst
nicht aussprechen .." Ex. 20, 7, Dt. 5, 11, vgl. ferner Ex. 23,1,
Jes. 3, 7 u. A. stammen. Diese Wurzel bedeutet ohne jeden weiteren
Zusatz „aussprechen" und kann daher m. E. von dem bekannten
aeth. አውሥአ „redete, hub an zu sprechen, antworten" (auch „sang"
s. Dillm. 895) nicht getrennt werden. Die Auskunft, wonach man
es im Hebr. mit נשָׂא „erheben" verbindet und ein selbstverständ-
liches Object קיל hinzudenkt[1]), ist da unmöglich, wo ein anderes
directes Object folgt, wie שֵׁם נָשָׂא Ex. 20,7, שֵׁמַע תִשָׂא לֹא 23, 1,
oder bei einer Verbindung wie דָבָר ה' מַשָׂא. — Eine Verbindung wie
יִשָׂא בַיוֹם הַהִיא לֵאמֹר Jes. 3, 7 von dem aeth. jânaše'û wajeblû
Dt. 27, 14 u. ö. trennen zu wollen, wäre eine unberechtigte Gewalt-
samkeit. Wenn im Aeth. נשֵׂ: „tragen, erheben" und ושֵׂא „an-
heben zu sprechen" zwei verschiedene Stamme sind[2]), so gehören

---

[1]) Eine Verbindung wie קוֹלוֹ אֶת וַיִשָׂא Gen. 27, 38 u. s. kommt im
Hebr. ebenso vor, wie aeth. 'anše'a qâla. Die Construction ist aber dann eine
ganz andere wie in den obigen Fällen mit Object des Gesprochenen. Für
die Verbindung קוֹלוֹ אֶת נָשָׂא lässt sich als Parallele رفعت له باسمى
„ich nannte ihm meinen Namen" Ham. 751, 4 anführen.

[2]) Praetorius in Delitzsch-Haupt's Beiträgen I, 37 will umgekehrt aeth.
waše'a und naše'a nur als parallele Formen derselben Wurzel „erhob" ansehen. Ich kann ihm darin nicht beitreten; denn sowohl das aeth. 'awše'a als

auch im Hebr. נשא „erheben" und jene Wurzel für „aussprechen"
als ursprünglich verschieden auseinander. Das Hebr. hat in der
Wurzel für „aussprechen" fast stets contrahirte Formen, aus denen
der erste Radical nicht ersichtlich ist: מָשָׂא ,יִשָׂא ,תִשָׂא ,נָשָׂא; nur an
sechs Stellen (von denen vier zusammengehören) kommt ein
Perf. נָשָׂא vor, einmal das Particip נֹשֵׂא Am. 5, 1. Es ist mir
daher wahrscheinlich, dass hbr. מָשָׂא ,תִשָׂא ,יִשָׂא von einem Stamm
ושא = aeth. *waše'a* abgeleitet sind[1]), und dass erst aus diesen
contrahirten Formen das Hebr. wieder נשא zurückgebildet und dann
im Sprachbewusstsein wohl auch mit נשא „erheben" verbunden
hat; vgl. die Wortspiele Jer. 23, 33 ff.

סְגֻלָה „Eigenthum" = assyr. *sugullatu* zählt Delitzsch Prolegg.
34 unter den Wörtern auf, welche eine nähere lexicalische Verwandschaft des Hebr. mit dem Aram. als mit dem Arabischen belegen sollen. Indessen auch das Arab. hat سُخَّل „Antheil" Zoh.
14, 20 (s. schol.).

Im Phönicischen findet sich zweimal ein sonst unbekannter
Stamm סכר, der etwa „nennen, erwähnen" bedeutet; CIS 7, 6
לכני לי לסכר ושם נעם; 116, 1 מצבת סכר בחים. Sein Aequivalent
findet sich im Assyr. Vgl. Aššurnaṣirpal 1, 5: *si-kir*[2]) *šaptišu*
„das Wort seiner Lippen" entsprechend dem *kibit pišu* „Befehl
seines Mundes" Z. 4. Auf die Parallelen Tigl. Pil. I Col. I, 31. 44,
VI, 61: *ina si-kir Šamši* (Bili, Adar) „auf Befehl S.'s" u. s. w.
hat Peiser, (der irrig *si-gir* liest) Keilschr. Bibl. I, S. 53 Anm.
hingewiesen. Da das Assyr. den Stamm וכר daneben besitzt (z. B.
in zi-ki-ir šumi „Nennung des Namens"), so ist die schon an sich
kaum mögliche Identität beider Stämme ausgeschlossen.

עד „Ewigkeit" in עֲדֵי עַד ,הַרְרֵי עַד ,לְעוֹלָם וָעֶד u. A. wird, so
viel ich weiss, allgemein von einer Wurzel mit עַד „bis", das
zu عَدَا gehört, abgeleitet; s. Ges. thes. 991; lex. s. v. Es ist indessen von ihm wurzelhaft verschieden; denn es gehört gewiss zu

dasjenige hbr. נשא, welches zum Object דָּבָר, שֵׁמַע u. s. w. hat, bedeuten nur
„aussprechen". Wenn dieser Verschiedenheit der Bedeutung von dem נשא
„tragen" im Aeth. auch eine Verschiedenheit in der Form der Wurzel (פ"ו)
entspricht, so hat das die Präsumtion der Ursprünglichkeit für sich.

[1]) Das Dageš wie וַיִּשְׂרֵנָה ,אָסָרֵם von יצח, פ"ו-Stämmen; s. Gesen. § 71.

[2]) So überall mit ס, nicht ז, geschrieben.

ar. غَدٌ „morgen", auch „spätere Zukunft; vgl. غَدًا „dereinst"
Ja'qb. II, 102, 7; غَدًا „später" Lebîd 22, 2; فى غد „dereinst, im
Jenseits" JHiš. 773, 5 v. u., Jqd. III, 30, 5.

Arab. عادِنَة „trächtige Kamelin" ist von 'Asmâ'î Kit. al-
Wuḥûš 8, 1 bezeugt und dort mit einem Vers des Ḥuṭai'a belegt.
Weder hat Ġauh. diese Bedeutung, noch scheint sie sonst in den
Originallexicis überliefert zu werden. Die Bedeutung ist aber ge-
sichert durch aram. עריאת, welches in den Targg. regelmässig für
hbr. וַתַּהַר steht.

Ein unerklärtes hbr. עליל findet sich Miš. Rôš haš. 1, 5. Es
heisst dort vom Neumond, man müsse auf ihn hin den neuen Monat
heiligen כין שׂ:ראה בעליל בין שאינו נראה בעליל, was nach der tra-
ditionellen Erklärung bedeutet: „sei es dass der Mond hoch am
Himmel oder nicht hoch am H. (sondern am Himmelsrand) gesehen worden sei". Das Wort ist schon dem b. Talmud nicht mehr
aus der lebendigen Sprache bekannt, da er es aus dem בעליל לארץ
Ps. 12, 7 erklärt. Es entspricht aber dem samarit. עלאל „Himmel"
Dt. 1, 28 u. s.

Hb. und bibl. aram. צַד „Seite" = targ.-syr. סְמ gehört
zu كَنَدٌ „Nähe", auch Adj. „nahe" Aḥtal 169, 1, Kâmil 454, 15;
بِمَكَندِه „in seiner Nähe" Huḏ. 103 Einl. Z. 7.

Von dem hbr. הריה „roch" ist ein anderes gleichlautendes
הֵרִיחַ mit der Bdtg. „hat Wohlgefallen an etw." zu trennen.
Vgl. Am. 5, 21: בעצרותיכם; ולא אריח Jes. 11, 3: 'והריחו ביראת ה.
In gleicher Weise geht im Arab. neben رَائِحَة „Geruch, رَاحَ „roch"
ein رَاحَ „empfand Freude an etw." her; vgl. JHiš. 123, 3, Achṭal
160, 1; أَرِيَحِيَّة „freudige Erregtheit" Kâmil 108, 6; 631, 2. Dass
diese Wurzel mit jener, die „riechen" bedeutet, gleich sei, ist sehr
unwahrscheinlich; die eine mag z. B. med. w, die andere med. j
gewesen sein oder dgl.

Das hb. שָׂדֶה „Feld" bedeutet im Assyr. als šadû: „Berg".
Derartige Wandlungen von entsprechenden Worten nach den Ver-

hältnissen des jeweiligen Landes, sind nicht selten; vgl. מִדְבָּר „Trift" und „Wüste" mit dem aeth. ꭓꭗꭚ. „Berg", sowie لَبْنُ „Berg", welches daneben im Syropaläst. auch „Feld, ἄγγος" (Nöldeke ZDMG 22, 518) bedeutet. Immerhin ist aber zu bemerken, dass im Deboralied auch für das Hebr. in den Worten עַל מְרוֹמֵי שָׂדֶה Ri. 5, 18 „Berg" als uralte Bedeutung erscheint.

Zu den Wurzeln, welche in einer Sprache med. *w*, in einer anderen med. *h* sind, wie בּוּשׁ = ܒܗܶܬ, ܒܶܗܬ (s. Ges. lex. s. v. ה, ZDMG 40, 626) gehört auch hb. יָשַׁה „verweilen" (oft in d. Miš., vgl. Kohut VIII, 37) = syr. ܐܰܘܚܰܪ „zögern", auch transit. „aufhalten", Ethpa. „zögern", ܡܶܬܘܰܚܪ „Zögerung" (oft) gegenüber dem bekannten ar. قَوَى „verweilte, hielt sich längere Zeit auf". Belege für Letzteres anzuführen ist überflüssig.

Das Hebr. besitzt eine Wurzel שׁוה, deren Piel שִׁוָּה „machte, legte, stellte hin" bedeutet; z. B. Ps. 21, 6 הוֹד וְהָדָר תְּשַׁוֶּה עָלָיו; Ps. 89, 20 שִׁוִּיתִי עֵזֶר עַל גִּבּוֹר; Hoš. 10, 1 בְּרִי יְשַׁוֶּה לּוֹ; ferner Ps. 16, 8 שִׁוִּיתִי ה' לְנֶגְדִּי תָמִיד. Ihm entspricht das aram. שַׁוִּי „legte", sowie das vulg.-arabische سَوَّيْتُ الشَّيءَ „ich habe d. S. gemacht", كَيْفَ أُسَوِّى „wie soll ich thun" (Muḥ.) und das schon im Qoran 87, 2 vorkommende (الَّذِى خَلَقَ و)سَوَّى = „gemacht hat". Mit שׁוה = سوى „gleich sein" hat diese Wurzel keinen erkennbaren Zusammenhang; das Piel ist vielmehr Causativ eines Grundstamms, der etwa „sein" bedeutet haben muss; zu einem solchen passt auch das qoranische اِسْتَوَى إِلَى السَّماء „hingehen" zu . . (urspr. „werden" wie صار الى), sowie das vulgäre اِسْتَوَى فُلانٌ لَى خَصْمًا „X ist mir ein Gegner geworden" (Muḥ.). Im beduinischen Arabisch ist die Wurzel auch äusserlich von سوى „gleich sein" getrennt; sie lautet in der III. Conj. وَأَسَى „machte einen zu etw., bereitete zu" (ZDMG 22, 74 unt., 75, 3 und dazu Wetzstein S. 119). Das alles spricht für eine gesonderte Wurzel שׁוה „sein". Zu dieser könnte vielleicht das hb. תּוּשִׁיָּה „Bestehendes, Dauerndes", auch

„Heilsames" u. s. w. gehören, falls beim Nomen das ו an den Anfang gerückt ist wie bei תועבה s. S. 11 u. A. Auch שׁי „Gabe", in der Bedeutung zum Piel gehörend (= „Gesetztes"), könnte aus ihm hervorgegangen sein, welch Letzteres auch schon D. H. Müller in Ges. lex. s. v. vermuthet hat. Dem Stamm kann — ich gebe dies Letztere nur als Vermuthung — das bekannte assyr. *bašû* „sein, haben" entsprechen, welchem eine Form wie das bedu. يسى zu Grunde gelegen haben müsste. Das assyr. *busû* „Habe" würde an das hb. שׁי nahe heranreichen. Assyr. פ"ם für semit. פ"ו lässt sich auch sonst nachweisen.

Eine sonst im Hebr. nicht vorkommende Wurzel שׁעֵיר liegt wohl Dt. 32, 17 vor: „Sie opfern Dämonen, nicht Gott, Göttern, die sie nicht kennen, neuen, die erst jüngst aufgekommen, die ihre Väter noch nicht שְׂעָרִים". Der Parallelismus mit לֹא יְדָעוּם in Glied a fordert „nicht gekannt haben". So hat auch die LXX beide Male οὐκ ᾔδεισαν, (während nach Ra. JEz u. A. die Neueren: „die nicht *gescheut* haben" von שׂעֵר „schaudern", welches sonst nirgends transitiv ist). Es ist gewiss == ar. شَعَرَ „kannte, wusste" und muss als besonderer hebr. Stamm gebucht werden.

Hb. תּוּר „ausspähen, erkunden" (ein Land, Num. 13 u. 14 öfter), auch übertr. „spähen, forschen" in der Weisheit Qoh. 1, 13; 7, 25 ist wohl == اِتَّأَرْتُ „ich blickte scharf hin" Kàmil 140, 1, gewöhnlich اِتَّأَرْتُهُ اِلَيْهِ الْبَصَرَ oder اِتَّأَرْتُهُ بَصَرِى Kàmil 139, 17. 20.

Das mišn. תְּנַאי „Bedingung" (oft; z. B. Kidd. 8, 4; Keth. 9, 1, B. mes. 7, 11) mit seinem Verb הִתְנָה „e. Bedingung festsetzen" (Levy NhW IV, 654) ist zunächst identisch mit كَنِيَّة „Vertrag", auch „Bedingung" Julian.-R. 25, 14; Jos. Styl. 77, 11; Jaqob v. Sarùg ZDMG 25, 333, vs. 145 u. ö. Bei diesen beiden Formen lässt sich aber die Wurzel nicht sicher erkennen, weil es zweifelhaft ist, ob das ת zu ihr gehört oder Präformativ ist. Die Entscheidung bringt das Arabische. Es ist nämlich mit ihnen sicher das ar. تَنِيَّة, ثِنْيَا, ثَنْوَى „Ausnahme"[1]) zusammenzuhalten. Vgl. schon bei

---

[1]) Das mišn. ת repräsentirt also, wie oft, die aramäische Lautverschiebung.

Nábiga 1, 5 مُتْنَوِّبَةٍ نى غَيْرِ يَمِينًا حَلَفْتُ „ich habe einen Eid ge-
schworen, der keine (Bedingung, Vorbehalt, d. i.) Ausnahme zulässt";
ferner JHiš. 516, 9: „Als wir (die beiden Heere) zusammentrafen
مُتْنَوِّبَةٌ يكن لم gab es keinen Vorbehalt oder Ausnahme, sondern nur ein Darauflosstossen" ... Die definitive Ehescheidung
فيها مُتْنَوِّبَةٌ لا Tab. III 660, 1; 1478, 14, „bei der es keine Ausnahme gibt", ist also genau wörtlich der Gegensatz des talm. נ‍ט
על תנאי, des bedingungsweisen Scheidebriefes; s. Gittin 7, 6 u. f.

§ 30. Bekanntlich entsprechen oft einander bei derselben
Wurzel in verschiedenen Sprachen verschiedene Arten schwacher
Stämme. Zu diesen Erscheinungen gehören auch die folgenden bis-
her nicht beobachteten Fälle:

Hb. חוּשׁ und חִישׁ „eilen" (לְעֶזְרָתִי׳ לִי, auch absolut, oft), auch
im aeth. ሐወጸ in II, 1 „bewegen" ist = ar. حَثَّ; vgl. خَثْوت
„schnell" Huḍ. 2, 25; ebenso حَثِّيث. Das Verb selbst ist im Arab.
jetzt nur noch transitiv ‚eilen machen, antreiben". — Zu dieser
Wurzel gehört auch das reduplicirte حَثْحَثَ „trieb an" (Huḍ. 91, 3),
„bewegte"; حَثْحُوت „eilig" Huḍ. 168, 9 = syr. ܐܚܦ̈ܛ „reizte an,
verlockte".

Hb. יָחֻל „es lässt sich nieder" (עַל רֹאשׁ 2 Sam. 3, 29, Jer.
23, 19; 30, 23) entspricht dem ar. حَلَّ، يَحُلُّ „lässt sich nieder",
wie ja auch יָחִישׁ „fühlt" (nur Qoh. 2, 25, vielleicht noch Hi. 20, 2)
= syr. ܚܫ und mit dem ar. حَسَّ schon von Ges. lex. verglichen ist.

Neben נָב׳ יָנוּב „sprosst" muss man einen besonderen hebr.
Stamm נוּב „reden" ansetzen, dessen Bedeutung man allgemein mit
Unrecht aus der des Sprossens ableitet. Vgl. Prov. 10, 31 פִּי צַדִּיק
יָנוּב חָכְמָה; Jes. 57, 19 נִיב שְׂפָתַיִם „Rede der Lippen". Er stellt
sich neben das aeth. ነበበ „redete". Weiter verwandt ist noch
נבא = نبأ, woher נָבִיא „Verkündiger", نَبَأ „Nachricht" und das Hiph.
הִבִּיעַ „verkündigte" s. S. 16.

Hb. פּוּץ „sich zerstreuen" v. Menschen, Herden, häufiger im Niph. נָפֵץ, nebst causat. הֵפִיץ „zerstreute" gehört nicht zu فاض „strömt über" (Ges. lex.)[1]), sondern zu فَتَّ جَمْعَهُ (= فَرَّقَهُم) „zer- streute eine feindliche Menge" Jaqb. II, 191, 3; Tab. I, 1426, 10; — اِنْفَتَّ wie נָפֵץ „ward zersprengt, zerstreut" (v. e. Hcer) Qor. 3, 153; 63, 7; Tab. II, 50, 12; 244, 3. Die Grundbedeutung ist „zerschlagen, in seine Theile sprengen" (= كسر); daher مِفْضَاض, مِفْضَة e. Art Hammer, wie hbr. מֵפִיץ Spr. 25, 18; فُضَاض „zer- brochener Theil", entsprechend dem hebr. יְפֹצֵץ „zerschlägt in s. Theile" (der Hammer) Jer. 23, 29. Im Syr. entspricht daher ܦܨ „contudit" Jos. Styl. 69, 9 Wr.

So correspondirt auch syr. ܛܝܒ „vorbereiten, herrichten", ܐܶܬܛܰܝܰܒ „hergerichtet sein" mit ar. اِسْتَتَبَّ(اِسْتَنَبَّ) „bereit, hergerichtet sein" Tab. II, 196, 16, ist also von dem Stamm des syr. ܛܐܒ „sich gut befinden" = ar. طَيِّب verschieden.

In dieser Weise sind auch hb. עוּר „wachen" = syr. ܚܡܰܪ „wach", ܚܡܰܪ „weckte" im Arab. durch عَرَّ, vgl. تَعَارَ من نومه „er- wachte aus s. Schlaf" Boch. II, 45, 7 (Kair. voc. Ausg.), vertreten; dessgleichen steht dem hb. קָשַׁשׁ „betastete" = مَسَّ, acth. marsasa im Syr. der Stamm ܡܫܕ gegenüber.

In anderen Fällen wechseln Stämme med. gemin. mit solchen ult w et j[2]). Dahin möchte ich rechnen hb. חלה „krank sein", zu dem man, während ihm nirgends ein הלה entspricht, wohl تَحَلَّلَ بِهِ السَّفَرُ „die Reise machte ihn krank", he fell sick after arriving from the journey" (Lane) Tab. I, 1750, 4; 1795, 2

---

[1]) Diesem entspricht nur יְפוֹצֵץ Spr. 5, 16, תְּפוּצֶינָה Sach. 1, 17 „strömen über", welche aber von dem sonstigen obigen Stamm verschieden sind.

[2]) Vgl. z. B. die Stämme רבב und רבה „viel, stark sein", שׁוּר und שׁרה „herrschen" שׁנג und שׁנה, ܠܥܐ „irren" u. A. m.

stellen darf. خَلَّ „Schwäche und Schmerz in den Beinen, deren Sehnen" u. s. w. Die Grundbedeutung ist also wohl „schwach sein".

Eine merkwürdige Spaltung dieser Art zeigt sich innerhalb des Hebr. selbst bei der Wurzel, welche „ganz sein" bedeutet. Das Thema כלל findet sich fast ausnahmslos nur beim Nomen: כל׳, כָּלִיל׳, מִכְלָל, מִכְלוֹל; als Verbum erscheint es nur ganz vereinzelt in der Vrbdg. כְּלִלוּ יָפְיֵךְ Ez. 27, 4. 11, wohl durch die RA מִכְלָל יֹפִי Ps. 50, 2 bewirkt. Dagegen tritt als Verbum regelmässig dafür ein: כָּלָה „ist vollendet, fertig, ganz" Ex. 39, 32; 1 K 6, 38 (welches dann, wie unser „fertig, alle sein" und wie hb. תַּם auch „zu Ende gehen" bedeutet). Das Piel כָּלָה „vollendete" entspricht genau dem aram. שַׁכְלֵל von כלל. Auch im Assyr. scheint jene Spaltung der Wurzel wie im Hebr. zu bestehen, dort aber auch innerhalb der Nomina; denn neben kullatu „Gesammtheit", usaklilu „ich vollendete" (oft) findet sich ebenfalls häufig ka-lu, ka-la (mit Suffixen) „Gesammtheit", ka-la-ma, welche wir auf Grund der obigen hebr. Parallelformen von einem St. כלה herleiten müssen. — Noch ein zweiter Stamm: כלה „stumpf, schwach sein", bes. auch von den Augen Hi. 11,20; 17, 5; Klgl. 4, 17 entspricht gleichfalls einem كَلَّ „müde, schlaff sein" im Arab., تَلَّ أَبْصَرُ „der Blick ist stumpf, schlaff" كَلَالَة „Schlaffheit" u. s. w.

Diesen Fällen möchte ich nur vermuthungsweise auch den des hb. פָּלִיל „Richter" פְּלִילָה׳, פְּלִילָה „Entscheidung" anfügen. In der Stelle 1 Sm. 2, 25, wo von „Richtern" die Rede ist: „Sündigt Einer gegen seinen Nächsten וּפִלְלוֹ אֱלֹהִים" übersetzt das Targum: „so gehen sie vor dem Richter; dieser hört ihre Worte an וְיַבְלֵי בִינֵיהוֹן. Es verwendet also für hbr. פלל das aram. פְּלָי oder אַפְלֵי׳ im Sinn von „er richtet, entscheidet". Auch im Arab. ist in der Bdtg. „untersuchen, erforschen" غَلَى gut bezeugt: غَلَى الأَمْرَ „er durchdachte, durchprüfte die Sache"; غَلِيتُ القَوْمَ بِعَيْنِى „ich prüfte die Leute genau mit meinen Augen"; — غَلِيتُ خَبَرَهُم „ich prüfte ihre Angelegenheit" (s. Ln u. d. W.) Vermuthlich sind sie ursprünglich wurzelverwandt mit أَنَفٌ غَلَى = mišn. פלה את כליו Šabb. 1, 3 „durchsuchte" (den Kopf, die Kleider nach Ungeziefer) = syr. und targ. פלא „hielt Nachlese," Targ. und Peš. zu Dt. 24, 20, eigtl. „suchte nach"; ..عن غَلَتُ „ich forschte nach" Ḥoḍ. 3, 11. Nur das Hebr. hat dafür den Stamm פלל.

Von Stämmen ult. א, welche mit solchen tert. *w* et *j* wechseln (s. נצה S. 51), sei noch als ein Fall von besonderem Interesse das hb. היה „sein" angefügt. Die hbr. Form der Verbalwurzel ist fast ausnahmslos היה med. *j*. Ein הוה „sein" [1]) findet sich (ausser den aramaisirenden Stellen Qoh. 2, 22; 11, 3; Nehem. 6, 6) nur in הֹוֵה נְבִיר Gen. 27, 29, הֱוֵי סְרֶר Jes. 16, 4; sonst lautet das Verbum im Hbr. stets היה med. *j*. Ihm steht die aram. Wurzel med. *w* הוא, ‏ܗܘܐ gegenüber (doch s. unten). Welches ist nun die ältere Gestalt der Wurzel, die hebr. oder die aram.? Das Arabische steht auf Seiten der hebr. Form und bestätigt dadurch deren höheres Alter; denn dort entspricht derselben die Wurzel غَيَّ (حَا, med. *j*) „in einem Zustand sein, bereit sein", قَيْئَة „Beschaffenheit, äusserliches Sein einer Sache". Diese Wurzel verhält sich zu hb. היה „sein" genau so, wie das hb. כין, נָכֹון „bereit sein" zu phoen., arab., aeth. כון „sein"; das ar. قَبَّ ist genau = הֵכִין; قَيْئَة ist = תְּכוּנָה. — Selbst das Aram., welches die vom Hbr. und Arab. abweichende Form הֲוָא bietet, hat eine Spur jener älteren Form med. *j* in dem verkürzten Imperfect יְהֵי ‏יְהֹון ‏תְּהֹון ‏תְּהֹון im Targ. (Merx, chrest. trg. 189) = syr. ‏ܢܗܘܐ, ‏ܬܗܘܐ u. s. w. bewahrt. Denn während bei med. *w* ein solcher Ausfall des *w* beispiellos wäre, hat er bei dem Verb med. *j* لَمَا in

---

[1]) Durchaus zu trennen von √ היה „fallen, stürzen", Hi. 37, 6: הֱוֵא אָרֶץ „falle zur Erde!" woher, הַוָּה und הֹוָה „Sturz"; dies ist = هَوًى „fiel". Dass הָיָה „war" mit dieser Wurzel identisch sei (Fleischer, in Delitzschs Hiob zu 6, 2). lässt sich, wie oben gezeigt werden soll, aus dem Arab. selbst widerlegen. — Ein dritter Stamm: hb. הַוָּה „Begierde" = هَوًى „Liebe" ist schon von Fleischer mit einander verglichen.

dessen Impf. ‏תיחי ,איחי‏ (Merx 199; Levy TW I, 253) = syr. ܢܰܐ,

ܟܰܐܝ (ܟܰܐܝ) eine annähernde Analogie, obgleich die Praefixe nicht gleich behandelt werden, im letzteren Fall Vocale erhalten, im ersteren aber nicht.

Nachträge und Berichtigungen.

Zu S. 4 M. ܡܚܰܢܫ gehört nicht zu ‏√‏خمل, sondern zu ‏√‏محل. Vgl. رجل مَنْحَل, „Mann der zu Nichts nütze ist", مُمَحْنِل, „dürftig, armselig" (v. Mann) 'Aus b. Hagr 32, 10, (vom Land) Ahtal 6, 1; 187, 2.

Zu S. 6, Z. 3 ff. Dem arab. قَعْر entspricht im Syr. ܡܚܰܪܙ|, das Jes. 6, 13 „Unterstes eines Baumes" bedeutet. Demnach ist ܟܡܥ zu عِرْق zu stellen.

Zu S. 42 M. Da dem arab. إِبِل das syr. ܣܘܓܐ|, ܐܣܟܠ| (Nöldeke, GGA 1879, S. 1268) sowohl in dem 3. Wurzellaut *l*, als auch in der Bedeutung „Kamelherde" genau entspricht, so wird man das hbr. ‏אַבִּיר‏ von jenem zu trennen haben. Auch mit dem assyr. *ibili* können Kamele gemeint sein, da solche als Saumthiere in Assyrien in Gebrauch waren.

Register.

Die beigefügten Zahlen bezeichnen die Seiten. — Der Regel nach wird jede Wurzel nur unter einer Sprache aufgeführt: wo Hebräisch in Betracht kommt, unter diesem, wo nicht, zunächst unter Aramäisch. — Vocale sind nur im Bedarfsfalle hinzugefügt.

I. Hebräisch

nebst Mischna-Sprache und Phönicisch.

II. Aramäisch.

Jüdisch-Aramäisch und Syrisch.

אול 18

ܟܚܢ (ܚܟܢ) 5

כצר 11

נישרא 34

ܪܡܘܟ 2f

זיבורית (וכר) 32

ܣܚܡܐ 25

(חבר) 3 ܡܣܚܘܙ

ܣܚܡ 34

ܟܐܘ 51

חיכוליא 42 Anm.

חלוטין 38

חסף „Thon" 51

ܣܘܦ „stolz sein" 53

ܣܐܡ 37

ܠܗܡ „beschmutzte" 31

ܠܢܣ 69

ܩܦ „es genügt" 38f; 35; כראי 38; כרו „jetzt" 35

ברי „umsonst" 40

בומצא 34

רעו 17

כשורא 34

ܟܨܪ 27

ܡܠܢ 4; s. Nachträge.

ܡܠܢ 4

מעזי 62

ܠܪ „geisseln" 40

נקר 38

נישבא 50

אסקופתא (סקף) 35

ܣܘܦ 29

עריאת 65.

ܟܚܠ finster sein 15

ܟܣܡ 25

מעפרא (עפר) u. s. w. 19

פול „besprengen" 23

ܦܠ „besprengte" 23

ܡܚܠ „ausspeien" 7

ܩܡܚ 53

צלול „rein" 52

קבל „schreien" 8

ܥܒܣ „blieb" 29

קיטמא 36

קימעא (קמע) „Weniges" 16

קימצא 34

ܣܢܗܬ, ܣܢܗܬ 9

ארווח (רווח) 29

ריחשא 48

ܣܡܣ „jaculari" 46

חכף 28

תנאי 67

III. Assyrisch.

gadu 2

balâpu, naḫlaptu 3

kašâdu 4

šêpu „Fuss" 31

ṣinniš 60f

IV. Arabisch.

أبل 42; s. „Nachträge".

شفى heilen 14

نغش „jäten" 48 Anm. 1

زبور (زبر) 26

أعرج (عرج) 22

وزر 52

زقاق 53

منخ, ملخ 59

V. Aethiopisch.

አድግ „Esel" 45

ደበ „bei" 45

የጐነየ 10

አጽሐ „hierauf" 58

ሕጠበ 50

ካንት „umsonst" 40

አጽያ „von" 58

ጸገወ 51

ሰዐመ „küsste" 47

አንክ „nun" 17

እስመ „denn" 59

አፍቀረ „liebte" 9

www.ingramcontent.com/pod-product-compliance
Lightning Source LLC
Chambersburg PA
CBHW020330090426
42735CB00009B/1472